U0303212

本土人类学与民俗研究专题

之二

当代中国的厕所革命

周星 著

商务印书馆
The Commercial Press

2020年·北京

图书在版编目（CIP）数据

当代中国的厕所革命 / 周星著. —北京：商务印书馆，2020

（本土人类学与民俗研究专题）

ISBN 978-7-100-18295-9

Ⅰ.①当… Ⅱ.①周… Ⅲ.①公共厕所—建设—研究—中国 Ⅳ.① TU993.9

中国版本图书馆 CIP 数据核字（2020）第 057947 号

权利保留，侵权必究。

本土人类学与民俗研究专题之二

当代中国的厕所革命

周星　著

商　务　印　书　馆　出　版

（北京王府井大街 36 号　邮政编码 100710）

商　务　印　书　馆　发　行

北京雅昌艺术印刷有限公司印刷

ISBN 978 - 7 - 100 - 18295 - 9

2020 年 1 月第 1 版　　　　开本 880×1230　1/32

2020 年 1 月北京第 1 次印刷　印张 10

定价：45.00 元

人类学与民俗研究

费孝通

费孝通题词

总　序

人类学与民俗研究的学术实践

　　1994 年 6 月，费孝通教授为"人类学与民俗研究通讯"题写了刊名，该"通讯"由此前不久成立的"北京大学人类学与民俗研究"中心主办，我当时在北京大学社会学人类学研究所任教，曾经和同事们一起参与了这个中心和这份小刊物的创办。这份不定期的旨在沟通校内同行学者的学术信息类刊物，对当时国内的人类学、民族学和民俗学界产生了一定的影响，于是，我们就不再局限于校内，而是把它不定期地邮寄给国内其他高校和研究机构的同行。不经意间，二十多年过去了，世事与人事均有了许多变故，但对我来说，当年导师费孝通的题词鼓励一直不曾淡忘，它成为我沿着"人类学与民俗研究"这条学术道路持续走来的主要动力。如今人过六旬，确实是到了将多年来学术研究的一己实践所形成的积累逐一推出，以便向学界同行师友汇报，同时也到了对自己的学术生涯有所归纳的时候了。但值此推出"本土人类学与民俗研究专题"之际，我反倒深感不安，觉得还有必要将有关的思路、心路再做一点梳理。

初看起来，我是把文化人类学（民族学）和民俗学这两个学术部门"并置"在一起，甚或是搅和在一起，试图由此做出一点具有新意的探索，但这样的冒险也可能弄巧成拙。或许在习惯于学科"圈地"中纠结于名正言顺的一些同行师友看来，我的这些研究既不像是典型的文化人类学，可能也远非人们通常印象中的民俗学。如果容许我自我辩解一下，我想说的是，反过来，它们会不会既有点像本土的文化人类学，又有点像是一种不同的民俗学呢？至少我是希望，这些研究或者是借重了文化人类学的视野、理念和方法的民俗学研究，由此，它不同于国内以民间文学为偏重的民俗学；但同时，它们或者也可以是一类经由民俗研究而得以实现自立的人类学研究，由此，它虽然没有那么高大上，没有或少了一些洋腔洋调，倒也不失为较接地气、实实在在、本土化了的人类学，多少是有那么一点从中国本土生长出来的意思。

文化人类学对于中国来说，原本是"舶来"的学问。中国的文化人类学在大规模地接受西方文化人类学浸染的同时，相对于西方文化人类学而言，其在中国落地生根，便形成了中国特色的本土人类学。中国本土的文化人类学虽然在以英美法为主导的文化人类学的世界知识体系中处于边缘性的地位，但它却无疑是为中国社会及公众所迫切需要，这一点反映在它曾经的"家乡人类学"取向上，而正是这个取向使得它和一直以来致力于本土文化研究的民俗学，几乎是不可避免地相互遭遇。在我看来，文化人类学和民俗学在中国学术界的此种亲密关系犹如宿命一般，重要的是，它们的遭遇及互动是相得益彰的，文化人类学因此在中国实现了本土化，民俗学则因此而可以实现朝向现代民俗学的转型。

在沿着这条多少有些孤单、似乎也"里外不是人"的道路上摸索前行的过程中，我有幸获得杨堃、费孝通和钟敬文等学界前辈导师的指教和鼓励，这几位大师或多或少都具有文化人类学（民族学）家和民俗学家的双重乃至多重的身份，所以，我从他们的学问中逐渐地体会到了"人类学与民俗研究"的学术前景其实是大有可为的。与此同时，多年来，我也受惠于和我同辈甚或比我年轻的学界同行。比如说，我的朋友小熊诚教授对费孝通和柳田国男这两位学术大师的方法论所进行的比较研究，就曾使我深受启发，因为他的研究不仅使我意识到中国文化人类学作为"自省之学"的意义，还使我觉悟到比较民俗学作为和文化人类学相接近、相连接的路径而具有的可能性。还有，我拜读另一位日本文化人类学家桑山敬己教授对于文化人类学的世界知识体系与日本文化人类学的关系所做的深入研究，很自然地产生了很强的共鸣，他在《本土的人类学与民俗学——知识的世界体系与日本》这部大作中提到，日本长期以来只是被西方表象的对象，这一点颇为类似于文化人类学作为研究对象的"本地人"（native）。我想，中国又何尝不是如此呢？在深切地意识到被"他者"所表象的同时，一直以来习惯于被观察、被研究、被表象而沉默不语的本地人或本土知识分子，尤其是本土人类学家，不仅能够阅读那些关于自己文化的他者的书写，也能够开始使用母语讲述自己的文化，这该是何等重要的成长！再进一步，便是我以前的同事高丙中教授多年来一直努力的那个方向，亦即中国的文化人类学从"家乡"或"本土"的人类学，朝向"海外民族志"延展的学术之路，不仅讲述和表象自己的文化，还要去观察、研究、讲述和表象其他所有我们感兴趣的异文化，进而通过以母语积累的学术成果，为中国社会的改革开放，为中国公众的世界认知做出必要的贡献。如果说从民俗学走向文化人类学的高丙中教授，他所追求的是更进一步朝向外部世界大踏步迈去的中国人类学，那么，似乎是从文化人类学（民族学）走向民俗学的我本人，所追求的或许正是本土人类学进一步朝向内部的深入化。无论如何，在使用母语为中国读者写作这个意义上，在将通过"人类学与民俗研究"所获得的点滴知识与成果回馈中国社会与公众读者的意义上，我们或多或少都是在尝试着去践行费孝通教授所提示的那个"迈向人民的人类学"的理念。

有趣的是，上述几位和我同辈或比我年轻的中日两国的学者，也大都兼备了文化人类学家和民俗学家的双重身份，这么说，并非自诩我也是那样，而是说我们大家都不约而同地认知到，并且都在实践着能够促使文化人类学和民俗学之间相互助益的学术研究。这让我想起了费孝通教授关于人类学田野工作方法中能否"进得去"和"出得来"这一难点的归纳。对于以异文化为对象的文化人类学研究而言，能否进得到对象社区里去，可能是一个关键问题；而对于以本文化为对象的民俗学研究而言，能否出得来，亦即能否走出母语文化的遮蔽，则是另一个关键问题。就我的理解而言，我们在"人类学与民俗研究"的路径中，通过对双方的比照和参鉴，的确是有助于化解上述难点的。实际上，文化人类学和民俗学的对应关系，在我的理解中，还有"异域"和"故乡"（祖国）、"他者"和"同胞"、"田野工作"和"采风"、"外语"和"母语"等许多有趣的方面，也都很值得深思。

不仅在中国，也包括日本以及许多其他非欧美国家的本土人类学家，很多人是在西方受到专业的人类学训练，所以，他们洞悉欧美人类学的那些主要的"秘密"，包括"写文化"、表象和话语霸权之间的关系等。诚如桑山敬己教授所揭示的那样，这些本土的文化人类学家能够凭借母语濡化获得的先赋优势，揭示更多异文化他者（包括西方及日本以中国为田野的人类学家，或使用汉语去表象少数民族文化的汉族出身的人类学家）往往难以发现及领悟的本土文化的内涵，所以，比起他们的欧美人类学家老师来，他们在认识自己的本土社会、表象本土文化时确实是有更多的优势或便利，他们容易发现欧美人类学言说的破绽，他们对于自身所属的本土社会在文化人类学中被表象的部分或对于被外来他者所误读的部分，常常倾向于给出不同的答案。虽然他们总是被欧美人类学体系边缘化，但边缘自有边缘的风景。

现时代的文化人类学已经很难认可某种特定的言说或表象，而是需要在研究者、描写者和被研究者、被描写者的双方之间，基于对相同的研究对象的共同学术兴趣，形成对所有人均能开放的交流空间。文化人类学的知识越来越被证明其实是来自它和对象社区的本土知识之间的反复对话，所以，我们应该倡导的是一种在不同的世界之间交流知识和沟通信息的人类学。在我看来，始终致力于本文化研究的民俗学乃是本土知识的即便不是全部，也是最为主要的源泉，所以，文化人类学和民俗研究的相遇、交流和对话，确实是可以促成丰硕的学术产出。所以，中国截至目前依然在某种程度上存在的来自文化人类学对于民俗研究的藐视，即便乍看起来似乎是有那么一些根据，例如，民俗学在田野调查、民俗志积累或是理论建树方面有较多的欠缺等等，但若仔细斟酌，却也不难发现在此种姿态背后的傲慢、偏见与短视。

长期以来，中国的本土人类学并不是为了补强那个文化人类学的世界知识体系或为它锦上添花而存在的，它主要是基于国内公众对于新知识的需求，基于中国学术文化体系内在的理据和逻辑而逐渐成长起来的。文化人类学在中国肩负着如何在国内本土的多民族社会中，翻译、解说和阐释其他各种异文化的责任，因此，它对于国内各民族的公众将会形成怎样的有关异域、他者、异文化或具体的异民族的印象，减少、降低甚或纠正有关异族他者的误会、误解，以至于消除偏见和歧视等，均至关重要。与此同时，它也需要深入地开掘本土文化的知识资源，推动国内公众的本土文化认知，引导、包容、整合乃至于融化经常表现在民俗研究之中的各种文化民族主义式的认知与思绪，进而引导一般公众达致更为深刻的文化自觉。因此，中国文化人类学的"海外民族志"发展取向和对本土文化研究的深入开掘应该是比翼齐飞，而不应有所偏废。我相信，要达成上述具有公共性的学术目标，文化人类学和民俗研究在中国本土社会及文化研究领域里的互动与交流是非常必要的，而且也是可行的。从长远看，这种互动刺激的路径能够在国内的新知识生产中发挥创造性，从而既为中国社会科学及人文学术的发展做出贡献，也在推动民众提升有关文化多样性、文化交流、族群和睦、守护传统遗产、根除歧视等国民教养方面有所作为。

　　文化人类学在中国的内向深化发展，很需要来自民俗研究的支持；它们两者的相互结合，既可以促使人类学的本土文化研究不再停留于表皮肤浅的层面而得以迈向深入，也将有助于提升中国民俗研究的品质，扩展中国民俗学的国际学术视野，以及推动它朝向现代民俗学的方向发展。这就是我多年来较为坚持的学术理念，收入"本土人类学与民俗研究专题"系列的若干专题性研究，也大都是在上述理念的支持下，历经十多年乃至数十年的认真思考与探索逐步完成的。这些各自独立的专题性学术研究，大都缘起于个人的学术趣味，虽然它们彼此之间未必有多么密切的关联，但大都算得上是在"人类学与民俗研究"这一学术路径上认真实践、砥砺前行所留下的一串脚印。现在不揣浅陋使之问世，我由衷地希望它们能够为中国的文化人类学及民俗学的学术大厦增添几块砖瓦，当然，也由衷地希望诸位同行师友及广大读者不吝指教。

周　星

2019 年 2 月 30 日

记于名古屋

目　录

目　录

引言：问题意识与关键词

1982—1984 年，我在中国社会科学院研究生院读硕士课程，当时的校址在北京十一学校。课余偶尔去玉泉路地铁站附近散步，周边大面积的大白菜地时有人粪尿漫灌的场景。这并不意外，因为在我的陕西老家，以人粪尿为肥料是乡村的基本常识，但让我感到震惊的是用水将人粪尿稀释后进行漫灌的方式，它似乎成为当时城市"下水"的去向之一。1985 年，我接着在该院攻读博士学位课程，校址搬到了北京东郊的西八间房。有一天，北京大学的一位瑞典留学生居然横穿大半个京城，来到西八间房访问我。他是想找人讨论一下中国的厕所问题，听说社会科学院有一个"民族学"专业的博士生，就找上门来。他提的问题尖锐、直接、刺激：中国的厕所为什么这么脏？中国人如何看待自己的排泄物？这些问题后来就一直刻在了我的脑海。

1992—1993 年，我去日本筑波大学历史人类学系做博士后研究。在筑波大学的图书馆，集中阅读了不少与排泄物和厕所问题相关的著作，大都是一些民俗学或社会文化史领域的著述。1993 年元旦，在筑波大学校长招待各国学者的晚会上，有一位日本教授私下里主动和我提起了中国的厕所问题，我只好不卑不亢、不失礼貌地应对这个话题。多年以后，我到日本爱知大学任教，时不时也总会遇到对中国厕所问题近乎执着地提问；带着日本大学生到中国"异文化体验"，也经常必须面临厕所这一需要为同学们做出周到安排，也需要对他（她）们多少做些解释的难题。事实上，我的日本学生中就有人以"厕所"为题，来归纳他（她）们在中国的田野异文化体验的报告，我则必须对这些报告给予点评。处在厕所文明全球领先的日本和"发展中"厕所状态的中国之间，我感到这似乎就是一个宿命般的课题，无法逃避，无法装作不知道。

1994 年 4 月，我当时还在北京大学任教时，曾经间接地参与过《北京青年报》记者娄晓琪先生策划推动的"北京公厕革命"，参加过由他牵头成立的"首都文明工程课题组"的一点研讨。该课题组当时曾组织发起了"首都城市公厕设计大赛"，在天安门广场设置了"世界移动厕所展"，并引起了海内外多家媒体的关注。[①] 1997 年 5 月 19 日，我还参加了中央电视台中国报道节目对于中国兴起的"公厕革命"的讨论。记得当时我们对于和厕所相关的诸多问题，曾经分别提出过以下若干思考：

1. "文化相对论"的说明，亦即承认"厕所文化"的多样性，厕所的状况不应成为文化歧视的根据。

---

① 娄晓琪："我所亲历的'厕所革命'"，《人民日报（海外版）》2015 年 8 月 1 日。

2. "文明论"的解释，亦即指出农耕文明以粪便为资源，厕所不仅是重要的生活设施，还是必不可少的生产设施；而工业文明通过化肥产业和都市化等途径导致农耕文明衰落或解体，于是，都市居民的排泄物就需要由市政通过下水道系统去处理。在"文明"的转型过程当中，发生了多种多样的厕所问题，其中包括城市公厕的不可言状。导致公厕不可言状的原因，除了市民排泄行为的"文明化"不够，更重要的还是管理缺失和长期以来对厕所相关问题极度轻视的观念。

3. "社会结构论"的解释。一是需要揭示中国城乡之间在厕所和排泄环境方面的差距，将其视为二元社会结构的一个通常总是被熟视无睹的侧面。二是透过公共厕所和室内卫生间之卫生状况的鲜明对照，揭示"公厕"和"私厕"之与社会结构的关系；此外，还有"流动人口"的要素，例如，城市小区对外来流动人口的拒斥也反映在厕所问题上；"内部厕所"问题，公共服务机关的"内部厕所"不对一般市民开放，等等。所有这些都和社会结构有着程度不等的关联。

4. "面子论"。来自外国人士批评的压力，刺激了中国社会的"面子"逻辑，有关"国家形象"的焦虑，成为精英人士呼吁变革和政府推动公厕革命的动机。

5. "自我歧视论"。主要是指人们对涉及自身排泄等生理机能的相关事务，总是秉持歧视、贬低、无视、遮掩的姿态，这种极力忽视和掩饰的态度非常普及，从而导致社会难以对厕所问题做出及时和有效的对策。

虽然后来并没能就上述各要点分别展开深入探究，也没有推出像样的学术论说，但当时大家初步达成了一个共识：

北京市的公厕问题固然存在数量少、布局不合理、设施陈旧等"硬件"方面的问题，但公厕问题的本质既不在"硬件"方面，也不能简单地归结为市民"公德心"的缺失，它作为中国社会一个重大的社会、经济及文化问题具有深刻的复杂性，涉及文明形态的提升和社会公共管理体系的改革。在某种意义上，本书可以说是对上述思考的进一步展开或细化。

2015 年，国家旅游局李金早局长着力推动"旅游厕所革命"，李金早是我博士班的同学，但毕业后从未联系过，听说他主政桂林市时曾经于 2000 年发起过当地的旅游厕所革命并取得了很大成就，对此，我深感敬佩。我由衷地希望这次全国范围的厕所革命能够真正地获得成功。2016 年 6 月、9 月和 2017 年 3 月、11 月，我相继在北京大学、北京师范大学和中山大学，就"当代中国的生活革命"发表讲演，多次提到中国正在发生的"厕所革命"，并把中国游客赴日"爆买"智能马桶盖之类的新闻，也解释为中国国内厕所革命的外溢效应①。现在，确实是到了中国社会全面、彻底地解决厕所问题的时候了；同时也是我应该完成对自己而言几乎是宿命般的这一课题的时候了。

上述片段，只不过是过去几十年间不断地刺激我，并最终促使我形成对于排泄物、如厕行为以及厕所问题持续关注之"问题意识"的一些非常个人的经验。相信类似的经验绝不会只是我才有，在某种意义上，厕所问题乃是当代中国社会在实现人民小康生活的征程中，最后几个很难一蹴而就地

---

① 周星："生活革命与中国民俗学的方向"，《民俗研究》2017 年第 1 期。

予以超越的难关之一。

汉语在描述日常生活的琐碎和凡俗时，经常使用"柴米油盐酱醋茶"、"衣食住行"或"吃喝拉撒睡"（上海话称"吃喝屙汏睡"）之类约定俗成的表述，这些词汇如实地反映了中国老百姓对于排泄、如厕和厕所问题的态度：通常是漫不经心，不把它当回事，但也承认它是日常生活中自然和回避不了的一部分。但自清末民初以来，中国人的厕所状况和如厕行为一直饱受海内外人士诟病，长期以来，中国社会也陆续有过不少致力于改变的尝试，直到 21 世纪的第二个十年，这个长期困扰中国的"老大难"问题，才终于有迹象显示它有可能获得初步的解决，亦即眼下在中国形成了方兴未艾的"厕所革命"。

和所有拥有异文化厕所体验的人们一样，文化人类学家在田野中也总是会遭遇到某种程度的厕所问题，并感受到强烈的文化冲击。例如，范·德·吉斯特（Sjaak van der Geest）在对加纳的阿肯人（Akan）做田野调查时的感受是：他们对于人类粪便的姿态是自相矛盾的，他们非常注意洁净，将污物从身上除去，但另一方面，在处理人类排泄物方面却没有效率，因此，他们不得不总是面对他们所讨厌的肮脏，尤其是粪便。他们一尘不染的病房和医院里肮脏的厕所形成了鲜明对比，他们只是从精神上解决了一个非常物质的问题。[①] 类似的状况又何尝不见于中国？不仅如此，在中国，

---

① 〔英〕菲奥纳·鲍伊（Fiona Bowie）：《宗教人类学导论》（金泽、何其敏译），中国人民大学出版社，2004 年 3 月，第 55 页。

厕所还往往成为文化人类学家农村调查时切身体验的城乡差异的一部分[①]。但长期以来，只有少数人类学家，当然也包括少数致力于乡村建设的社会学家、教育家等中国社会的有识之士"发现"或"自觉"到了这一问题。总体而言，除了在一些田野报告中偶尔会有片段的报道之外，中国的民俗学、文化人类学以及社会学等，截至目前，对于如厕、厕所、厕所革命及相关问题的研究，几乎没有像样的成果。至于中国社会对此问题的总体反应，就更加显得迟钝了。之所以如此，是因为学者也和普通人一样，通常对于此类主题的忽视几乎是无意识的，即便是田野工作者或民俗生活研究者也较少有机会摘下他们的有色眼镜，他们热衷于研究的多是一些更加"体面"和"高大上"的主题，若是涉及污秽，研究者就只能仰仗零星的证据和片段的描述了[②]。

有鉴于此，近两年，笔者发表了数篇讨论厕所相关问题的学术论文[③]，并在中日两国多所大学相继发表学术讲

---

① 陈如珍："厕所"，郑少雄、李荣荣主编：《北冥有鱼：人类学家的田野故事》，商务印书馆，2016 年 9 月，第 150–152 页。

② 〔瑞典〕奥维·洛夫格伦（Orvar Lofgren），乔纳森·弗雷克曼（Jonas Frykman）：《美好生活：中产阶级的生活史》（赵丙祥、罗杨等译），北京大学出版社，2011 年 1 月，第 129–130 页。

③ 周星："文化自觉与厕所革命"，中国艺术研究院艺术人类学研究所编：《文化自信与人类命运共同体暨费孝通学术思想研讨会论文集》，2017 年 12 月，第 40–54 页。周星："百年尴尬：当代中国的厕所革命"，日常と文化研究会：『日常と文化』第 5 号、113–122 頁、2018 年 3 月。周星、周超："'厕所革命'在中国的缘起、现状与言说"，《中原文化研究》2018 年第 1 期，本文被《新华文摘》2018 年第 8 期全文转载。

演①，本书也是在上述论文和讲演内容的基础之上，再做增补和提高而完成的。我在本书中将概述当前中国已经发生、局部地正在成为现实、眼下仍处于持续延展之中的厕所革命，并把它视为是现代中国大规模的"生活革命"的重要环节之一，以便于对这一关涉国民生活品质提升的重大"民生"问题做出必要的学术性回应。和为数不多的研究大多是把排泄行为、排泄物以及和厕所相关的问题视为"卫生"或"公共道德"问题有所不同，我倾向于将它理解为当代中国具有高度复杂化之综合性背景的社会及文化问题。因此，本书重点使用了以下几个彼此相互关联的概念：

"厕所文化"，是指每个社会都会存在的有关排泄物之处理和排泄行为之管理的规范与设施等。相对而言，"厕所文明"则是指某一社会在约束和宣导排泄行为和处理排泄物方面所达到的科学技术水平和社会治理高度。"厕所问题"，是指在社会文明进程中围绕如厕和厕所而逐渐突显出来的诸多问题的总和；而"厕所革命"，主要是指某一社会基于其内在自发的驱动，或者在外部，例如国际社会的帮助或刺激

---

① 2017年7月8日在日本成城大学举办的日本民俗学会2017年度国际学术研讨会上，以"现代中国的生活革命——以厕所革命为中心"为题，做了大会发言。2017年11月4日在北京师范大学社会学院人类学与民俗学系，以"'污秽/洁净'观念的变迁与当代中国的'厕所革命'"为题，做了学术讲座。2017年12月15日在中央民族大学民族学与社会学学院的"著名人类学家讲座"，以"'文明化'进程与当前中国的'厕所革命'"为题，做了学术讲座。2018年3月14日在中山大学人类学系，以"道在屎溺：当代中国的厕所革命"为题做讲座，和师生们进行了交流。2018年4月13日在浙江大学"东方论坛"，以"污秽观念与'生活革命'——'厕改问题'的人类学思考"为题，做了学术讲演。

下，对其排泄行为管理、排泄物处理设施及相关系统进行升级换代之大幅度改造的一系列举措的总和。不言而喻，此处所谓的"厕所革命"，内涵包括人们如厕方式的改变、厕所文化的变迁以及厕所文明水准的提升，其指向是要让所有人民均能够享有清洁、卫生、舒适、安全、体面、有尊严以及便捷的排泄环境。

结合中国社会过往曾经有过和当前正在展开的"厕所革命"，不难发现它实际上是由几个彼此关联，但又性质不尽相同的"板块"所构成的：

1. 都市化进程中居民家庭室内卫生间抽水马桶的普及。早在 1986 年，周干峙就曾经提出过"厨房厕所革命"的口号，其主张是在住宅建设中深入地探讨厨房和卫生间的相关问题，提高厨卫技术含量[①]。中国厕所文明此后的发展路径之一，也正是经由城市基础设施和房地产业的大开发，使得大半国民最终获得了室内较为现代化的卫生间。

2. 在全国各地的观光景点、景区，以及旅游路线的沿途，提升厕所服务质量的旅游厕所革命，眼下正在进行之中，且将很快接近于完成。

3. 作为市政公共设施和城市公共空间，需要强化投资和管理的公厕革命，它也是正在进行当中，但距离真正、彻底的改善尚有待时日。

4. 广大农村以旱厕改良和建设无害化卫生沼气厕所为主的改厕运动，已经获得了重大的进展，但仍然任重而道远。

---

① 苏亮："再革厨房卫生间的命"，《家用电器》2010 年第 5 期。

5.机关企事业单位和所有公共服务设施的"内部"厕所，义务向所有公众开放，这个问题虽已有触及但尚未真正地展开。

笔者认为，只有在经历了由上述诸多不同"板块"所组成的厕所革命的彻底洗礼之后，当代中国社会才能够由眼下并不令人骄傲的厕所文化，真正发展到不再令国人尴尬的厕所文明。上述厕所革命的进程虽然仍有很多不尽平衡之处，但在眼下，它们已经发展成为中国社会实现全面现代化以及国民生活品质的彻底改善所必不可少的重大环节。这场革命关系到全体国民的基本"民生"、体面和尊严，关系到当代中国文明的品质提升，也关系到当代中国的生活革命能否真正地获得最终成功。本书对"厕所革命"的分析及探讨，将会不同程度地涉及上述所有重要的侧面。

第一章　农耕文明的厕所文化

曾经有学者将"厕所文化"定义为与人类的排泄行为及其场所有关的人造物的总和，我们则是把"厕所文化"理解为任何社群皆有所设定的对于排泄行为以及排泄物予以管理、限制及处置的相关规范和设施[①]。这意味着，它除了硬件的设施，还包括一些规范和理念层面。显然，在具体的生态背景下经营着不同生业的族群，可能会有不尽相同的厕所文化，不同文化的人们也可能拥有不尽相同的如厕方式以及各具特色的对于排泄物的管控和处置方式。所以，文化人类学把"厕所"视为有助于理解某种文化时非常值得重视的一个领域[②]。尤其是对于排泄行为的多样性和相关社会文化规范的复杂性等方面，在文化人类学和民俗学等领域已经有不少相关的记录和研究了。例如，日本学术界在 1974 年曾对印度、孟加拉、尼泊尔、韩国、中国和日本社会，以及伊斯

---

① 冯骥伟、章益国、张东苏：《厕所文化漫论》，同济大学出版社，2005 年 4 月，第 8 页。

② スチュアート・ヘンリ：「トイレの文化、文化のトイレ」、『月刊みんぱく』2007 年 10 月号（特集　トイレ）。

第一章　农耕文明的厕所文化

兰世界、欧美世界人们排泄方式的差异，进行过细致的跨文化比较研究属性的学术讨论。这场由文化人类学家（包括看护人类学方面的专家）和民俗学家共同参与的讨论，分别探讨了文化与排泄、羞耻和隐私、污秽观念、个人教养等几乎所有重要的课题。[①] 日本民俗学家砾川全次曾编著《粪尿的民俗学》一书，主要探讨和粪尿有关的事象及心象，为此，他还具体地提出了若干值得关注的课题，诸如粪尿的神力（近代之前人们的粪尿观）、排泄的比较民俗学研究、厕神为何（厕所作为"异空间"的意义）、粪尿处理的历史，等等。[②]

如果和西方的冲水厕所相比较，中国（北方）则较多地使用旱厕。与此同时，和山区较多旱厕或挖坑掩埋的方式形成对比的，则是南方和沿海地区较多地直接将人类排泄物排入水中的方式。在农家肥料成为宝贵资源的地方，厕所又会采取深坑储粪，然后再人工汲取的方式。日本学者李家正文通过对世界多民族的厕所文化进行的综合性研究，很早就将人类的排泄物处理区分为两个最为基本的类型：水处理型和干燥处理型，前者如在河湖边上设立的日本的"川屋"，后者则如日本的"沙雪隐"，以及亚洲内陆的干燥处理等。[③]具体到如厕的方式，和西方人的坐式形成鲜明对照的，则是

---

① 我妻洋、原忠彦、石井溥、末成道男、崔吉城、石井光子、立山恭子、原ひろ子：「排泄における文化人類学の考察—民族性の違いと日本人の排泄」、『看護研究』、7 卷 3 号、1974 年 7 月、第 276-293 頁。

② 礫川全次編著：『粪尿の民俗学』、批評社、1996 年 10 月、第 13-15 頁。

③ 李家正文：『廁考』、六文館、1932 年。

东方各国适用的蹲式。[①] 虽然日本人经常以中国那些没有门、私密性不够好的"你好"厕所为谈资，可日语中的"结伴小便"一词表明，至少这种没有隐私的排泄行为确实曾在男孩之间广泛流行过。以中国之大，各地和各民族的厕所及其有关的如厕行为方式和文化形态，也是多种多样的。例如，在中国的一些草原、森林和山地的游牧、游猎、游耕的族群，往往就不设厕所或没有设立固定厕所的需要；牧民们通常是在既定方位的下风处，且男女分开"方便"。南方的山地民族，例如白裤瑶，虽然经历了从无厕状态到简陋的厕所，再到生态旱厕的发展过程，但其生态旱厕的使用率却是很低的。[②] 画家黄永玉曾在其作品《出恭十二景》中，图文并茂地描述了中国南北许多农村地区各有风致的如厕场景；直至最近，河北省白洋淀附近的渔村还是没有厕所的，人们祖祖辈辈拉着"野屎"[③]。然而，上述情形并不能说明人们对于排泄行为没有规范，或必定就会引发严重的不卫生、不文明状况，而只是说明在其各不相同的具体的生存环境状态之下，人畜的粪尿通常并不构成很大的困扰。例如，草原的蒙古族虽然多不设固定厕所，但有关的禁忌却很严格，人们忌讳在吃饭的过程中出去方便，亦不能在畜圈和水井旁大小便，忌讳朝向房门大小便，禁忌朝向日月星辰泼水、倒垃圾和大小

① 〔英〕劳伦斯·赖特：《清洁与高雅：浴室和水厕趣史》（董爱国、黄建敏译），商务印书馆，2007年2月，第333页。

② 郭霜霜："白裤瑶农村厕所的历史与现状研究——以广西南丹县里湖乡怀里村为例"，《传承》2009年第10期。

③ 仲富兰：《现代民俗流变》，上海三联书店，1990年9月，第201页。

便等①，应该说，正是这许多禁忌保证了他们日常生活的基本秩序。

第一节　以人畜排泄物作为农家肥的传统

考古学家在史前时代的西安半坡村遗址里发现的许多土坑，曾经被有些人视为是中国厕所的起源。从理论上讲，村落定居或集体群居的生活，很自然地就会导致出现"厕所"的必要，这是因为人类排泄物因为人口聚集而一旦超过了自然能够消解、净化的界限，就会发生各种涉及污秽的问题。历史学家告诉我们，厕所在中国的确也是历史非常悠久。《周礼·天官》："宫人掌王六寝之修，为其井、匽，除其不蠲，去其恶臭"，"匽"在这里就被解释为"路厕"或接受污物的坑池②。《说文》："厕，清也"，其反训之义为言污秽当清除之（图1）。又"溷，猪厕也。从口，象猪在口中也"。《释名》："厕，杂也……或曰溷，言溷浊也，或曰圊，言至秽之处，宜常修治使洁清也。"《广雅》："圂，厕也。"秦汉时代的"溷"、"圂"相通，均有猪圈和厕所的两重含义（图2）。《史记·吕太后本纪》《汉书·外戚传》记载，吕后残酷折磨戚夫人，断其手足，"使居厕中"，命为"人彘"；《汉书·燕刺王刘旦传》："厕中豕群出"，大概都可以很明白地说明这一点。

---

① 波·少布：《蒙古风情》，香港天马图书游行公司，2000年1月，第307–311页。

② 尚秉和：《历代社会风俗事物考》，中国书店，2001年1月，第323页。

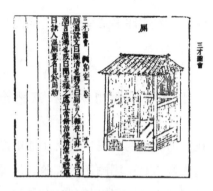

图1 《三才图会》中的"厕"

图2 汉代陶厕(溷)模型：现藏国家博物馆

在目前已知的汉晋时代的出土文物当中，很常见有猪圈、厕所功能兼备或厕所与猪圈合为一体的泥塑明器模型[1]，例如，郑州后庄王出土的灰陶猪圈，就是和厕所连在一起的。实际上，这种形态的厕所（或称"猪厕"）在中国的北方、华南以及韩国的南部山区、济州岛和日本的冲绳、奄美大岛等地，一直延续至近现代。关于冲绳的"猪厕"（图3），当地有一种说法认为，它大概是明朝时由来自中国大陆的移

---

[1] 贾文忠："汉代陶厕猪圈"，《古今农业》1996年第4期。

民（所谓"闽人三十六姓"）带来的[①]，而大约到第二次世界大战之后，冲绳在美军占领之下，伴随着现代化的浪潮，"猪厕"被认为不符合卫生、令人厌恶，才逐渐趋于衰落，并最终被水洗厕所进而被西式的坐式马桶所替代。中国南方的干栏或高床形态的民居，往往是人的居室与猪、牛等牲口圈连在一起，上面是厕所，下面就是猪圈，人的排泄物一部分被猪吃掉，或部分地与牲口粪便混合一起，成为农家的有机肥料。让人类的排泄物被猪、狗等家畜吃掉，无论这种情形在今天的"文明人"看来是多么地令人感到不适或不快，我们仍不得不承认这在过往的欧洲、非洲和亚洲的很多民族当中，曾经都是极其寻常可见的。与此相类似，在中国的江西、广东一些地方以养鱼为生的人家，经常是把厕所建在鱼塘边上，人的排泄物也是部分地直接成为鱼的饲料了[②]。

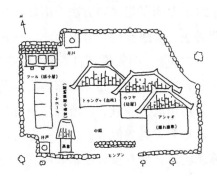

图 3　冲绳中村家的住宅平面图

（猪厕位于宅院左后方，引自平川宗隆《冲绳厕所的变迁》第 71 页）

---

① 平川宗隆：『沖縄トイレ世替わり―フール（豚便所）から水洗まで』、第 43 頁、ボーダーインク、2000 年 11 月。

② 〔韩〕郑然鹤："厕所与民俗"，《民间文学论坛》1997 年第 1 期。

　　中国的汉民族作为最为典型的农耕民族，在历史上创造了发达的农耕文明，这一文明的突出特点之一，便是较多地使用人和动物（家畜）的排泄物作为农作物的肥料，亦即是以有机农业为基础的文明①。由于人粪尿作为农家有机肥受到了高度的重视，因此，中国最为一般的厕所文化便是厕所因积肥而存在。这个传统可能上溯至西汉时代甚至更早的时期，在氾胜之发明的"区种"之法中就已有所应用，例如，《氾胜之书》曾经提到"溷中熟粪"，王充的《论衡·率性篇》则有"深耕细锄，厚加粪壤，勉致人功，以助地力"的说法。后来的《齐民要术》强调："凡耕之本，在于趋时、和土、务粪泽，早锄早获"；王桢《农书》主张："耕农之事，粪壤为急"，"凡农居之侧必置粪屋"，等等，无非都是对这一古老传统的延展和深化。明清时期，制肥技术有了一定的突破，各地农民发明了很多种方法，诸如"有踏粪法，有窖粪法，有蒸粪法，有酿粪法，有煨粪法，有煮粪法"，相关工艺也有很大的进展。明人徐光启《农书草稿》（又称《北耕录》）还记载了"粪丹"，亦即浓缩粪肥的发明："王龙阳传粪丹法，每亩用成丹一升"。所谓"粪丹"，就是利用植物、动物、矿物和人类粪便等，按照一定的比例混合而制成的复合浓缩肥料，虽然并没有证据表明它曾经被应用于农业生产的实践之中，但"粪丹"一词内涵的意义却颇为深远。根据杜新豪博士的研究，这种思路其实是源自宋代农学家陈

---

① 张德纯："中国古代的有机农业"，农业部农村社会事业发展中心、甘肃省农牧厅、庆阳市人民政府编：《农耕文化与现代农业论坛论文集》，中国农业出版社，2009 年 8 月，第 122—127 页。

夤提出的"用粪如用药"的"粪药说"，同时也受到历代道士"炼丹"实践和乡民堆沤肥技术之实践经验的影响①。

直至近代，在广大的北方，农民通常是在入冬或春播之前，就把平日积攒的堆肥送到地里，随后，再把它扬撒开来，和田土拌匀②。和"堆肥"的习俗有关，中国很多地方的农村，勤劳的农人有在冬闲的季节，提着粪筐和粪铲，出门去"拾粪"的传统。例如，在河南省林县的农村，冬天拾粪的一些老人们，还把拾粪的经验编成了小曲："拾羊粪上山坡儿，人粪背旮旯儿，狗粪墙拐角儿，驴粪上下坡儿，牛粪到荒草滩儿。"在笔者的家乡陕西省丹凤县，村民们往往会修建多处厕所，除了自家院子的"私厕"，有时还在一些路口田间另设"公厕"，目的除了在拥挤的聚落公共空间里用厕所"挤占"尽可能多的地盘之外，最为基本的动机便是想要收集更多的人粪尿。正如"肥水不流外人田"的俗话所说的那样，很多乡民往往是撒泡尿都想去自己家的田地里。

在以精耕细作为特点的江南稻作农耕文化中，"积肥"是最为基本的劳作环节。信奉"人不给田吃，田不给人吃"这一朴素的道理，农民们的积肥涉及面很宽，包括罱河泥、掏猪窠灰、淘粪缸、拾狗屎、割青草、捞水草等等，其中以人、畜排泄物作为肥料，始终占据有非常重要的比重。江南还有俗话说："不吃回魂食，四脚毕立直"，意思就是指人和动植物（及农作物）之间的相互依存和循环生息的生态原理。

---

① 杜新豪：《金汁：中国传统肥料知识与技术实践研究（10—19世纪）》，中国农业科学技术出版社，2018年2月，第四章。

② 李彬：《山西民俗大观》，中国旅游出版社，1993年6月，第398页。

为了收集人粪尿，旧时的江南农村往往会设一些露天茅厕，其中既有单缸茅厕，也有多缸茅厕。

中国各地的农村还有很多类似的农谚："要想发，屎当门"；"地靠粪养，苗靠粪长"；"庄稼一枝花，全靠肥当家"；"种地不上粪，等于瞎胡混"；"种田不上粪，笑煞天下人"；"土是摇钱树，粪是聚宝盆"；"粪里有黄金，积粪如积金"；"春天比粪堆，秋天比谷穗"；"地凭粪养，苗凭粪长"；"有酒有歌，有粪有禾"；"人要饭养，稻要肥长"；"人虚吃参，稻虚浇粪"；"今年粪满缸，明年谷满仓"；"庄稼不用问，一半功夫一半粪"；"走南走北，不如拾粪种麦"；"尿泼灰，长好麦"；"门前粪堆，场上麦堆"[1]。其中，也有一些反映庄稼人并不特别嫌弃排泄物之独特的"污秽/洁净"观念的内容，例如："爱粪如爱金，才算庄稼人"；"要想种田，屎尿不嫌"；"读书爱指，种田爱粪"；"粪在家脏，粪送土香"；"庄稼老头，嗅着大粪香"[2]，等等。毫无疑问，所有这些农谚，都是中国农耕文明之乡土知识体系的一部分。

第二节　管理不善的乡村厕所

虽然有不少研究者在追溯中国厕所的历史时，通过讲述汉代厕所已经重视隐私并有通风设计，或汉代时已经有了男

女分厕（根据在陕西省汉中市出土的汉代陶厕，图4），宋朝时在汴梁已经出现公厕并有专人管理，甚或在清朝的嘉庆年间还出现了收费厕所等故事，或者还有人举出诸如贵族富豪石崇的超级厕所、西太后如何方便之类的事例，以证明中国厕所文明的进化高度，但是，一个最为基本的事实却是，截至目前，在中国最广大的农村，现状依然是露天旱厕居多，粪尿管理不到位，使用人粪尿作为肥料的场景等依然寻常可见。有人认为，由于中国人在历史上是把人粪尿作为肥料予以珍重的，所以，通常是很注意不随地大小便的，公共厕所也很多，但这些都因为从19世纪国势衰落以后，人民的公共卫生习惯和公厕卫生随之走向了滑坡倒退①。在我们看来，这种论断其实是把中国古代过于浪漫化了。1893年，美国人莫斯写了一篇介绍"东方的厕所"的文章，其中曾提到中国的家庭没有厕所，粪尿污染饮用水和地下水，并导致霍乱和鼠疫流行。②美国学者葛学溥在他于1925年出版的《华南的乡村生活》一书中，据说这是第一部研究中国华南汉人村落社区的著作，设有"健康与卫生"一节，他指出，凤凰村的人们"有限的卫生知识基于传统和迷信而非科学事实"，即便在较为干净的房间，也随处可见垃圾、污水和一桶桶没盖的粪便；农民们每天都从便池舀起液体粪便，穿过村落挑到

---

① 游修龄："厕所文明的思考"，2004年11月23日，网络电子版。
② 转引自〔韩〕金光彦：《东亚的厕所》（韩在均、金茂韩译），译林出版社，2008年12月，第5页。

田间，给农作物施肥；人们在同一条凤凰溪打水和涮马桶。[①]

图4　汉中市汉台区出土的西汉明器：绿釉陶厕（男女分厕）

　　旅美中国人类学家杨懋春在1940年代对他自己的家乡——山东省台头村的民族志描述中，相对较多地涉及厕所及其相关的问题。"为了肥田，人们把人畜的粪便小心地收集并保存起来。在前庭和后院的角落里，人们把茅坑和邻近的猪圈用墙和篱笆围起来，朝院子开门。茅坑当厕所用，所有粪便、牲口棚里的废料及外面的废料都放在这里，甚至厨房里的灰也被小心地保存在这里。坑满之后，坑里的东西就被运到专门留出的空地上，用一小层泥土覆盖起来。混合肥在坑里已经开始发酵，在这儿继续发酵。根据当地农民的经验，生粪不肥，发过酵的混合物是最好的肥料。播种季节来

_____

① 〔美〕丹尼尔·哈里森·葛学溥：《华南的乡村生活——广东凤凰村的家族主义社会学研究》（周大鸣译），知识产权出版社，2006年11月，第53-54页。

20

临时，把粪堆砸开，让混合物在太阳底下晒干，然后制成粉末运到田里。最近有些富裕农民在青岛买了肥料，但那不是化学肥料，而是他们喜欢用的人畜混合粪肥。""收集粪肥也有不便之处。茅坑堆满后，坑里的东西不能直接撒到地里，而要移到门前的空地或街上的人行道上。如果在粪肥堆好、覆盖起来前下雨的话，整个街道将充斥秽物。另一件麻烦的事是把尿和粪直接施在蔬菜上。对农民来说，这些都没有多大的妨碍，相反，他以有一大堆秽物，里面养着三四头猪而自豪，因为这代表着家庭的财富，有助于他儿子娶到好妻子。""最近，河北定县的'平民教育协会'作了一些努力，来改善农民家庭的厕所环境。齐鲁大学和燕京大学试图寻找方法，防止厕所成为夏季疾病的来源；他们也尝试在施用粪肥前把其中的虫胚杀死；他们也试图通过在粪肥中混入一定数量的草、泥土和植物的办法来增加肥料的数量。这些努力取得了一些成效，但情况仍没有很大改观。"①

　　杨懋春继续写道："房间的地面总是很脏，打扫时，满屋尘土飞扬。……母亲会让小孩直接在屋内的地上撒尿拉屎。由于房间很拥挤，没有足够的新鲜空气。每个卧室里都放着一个陶缸，供夜间使用。在冬天，当所有窗户都用纸糊好，门也关着时，气味异常难闻，早晨尤其如此。只有在天气晴朗，所有的门都开着时，臭气才能散去一些。""露天厕所对农民的健康是一大威胁。夏天厕所招来苍蝇，由于没有适当的

---

① 杨懋春：《一个中国村庄：山东台头》（张雄、沈炜、秦美珠译），江苏人民出版社，2001年8月，第26–27页。

办法把食物遮起来，苍蝇会再飞到食物上。在有些家庭，母亲会坚持要求所有房间保持清洁，父亲也对庭院的肮脏或谷仓和贮藏室的混乱不能容忍。厕所建在庭院的一个远角，为减少苍蝇而盖了起来。""台头村的农民——其他许多村子的农民也这样——坚持所有饮用水都要煮沸，所有食物都要烧熟。他们只有在远离家门的时候才喝新鲜的泉水或清洁的溪水。这些措施减少了疾病的危害，但还不足以预防疾病。"①应该说，杨懋春对于家乡村落的厕所和卫生状态的描述真实而有勇气，同时他也带进了外部的视角和现代卫生科学的立场。

假如我们不去执着于"台头村"这一具体的村落社区，而把它看作当年山东省农村的一般情形，那么，在经过了70多年之后，或许可以说，他所描述的乡村已经发生了巨大的变化。例如，因为化肥的渗透，农民对于农家肥的依赖明显下降了，因此，出门拾粪者销声匿迹；历经多次爱国卫生运动和学校教育在乡村的发展等，一般村民的个人卫生和村落的环境卫生，整体上也都比70多年前有较大的改观。但"旱厕"仍是农村的基本现实；不经烧沸的水不能喝，否则会"闹肚子"这一类日常生活的智慧，即便现在仍然是村民们的铁则。近些年来，山东省农村的"改厕"工作取得了巨大成就，但这一过程并非一帆风顺，目前仍面临很多有待解决的现实问题。可以说，类似的情形在中国各地的乡村绝非罕见。例如，就在富饶的关中平原，直到不久前，依然是"家家茅厕不遮

---

① 杨懋春：《一个中国村庄：山东台头》，第42–43页。

盖"①，厕所大多不很讲究，经常只是在后院挖个土坑即可，或仅以玉米秆或矮土墙围一下；人们经常以黄土覆盖排泄物，这其实也是当地生产"堆肥"的一种方式。说起"堆肥"、"沤肥"，其实在南方的江、浙、闽、粤一带也毫不逊色，中川忠英在《清俗纪闻》里提到的"粪窖"，应该也是一个很好的例子（图5）②。

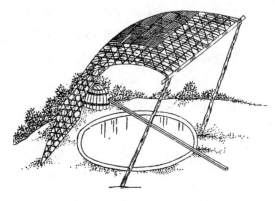

图5　粪窖

（采自《清俗记闻》第 194 页）

当然，中国也总是会有一些地区或民族的情形有所不同，或者对利用人畜排泄物做肥料有一些忌讳，或者干脆拒绝使用。例如，华南地区的畲族就忌讳在正月初一、二月十九（观音生日）、三月二十三（白马王生日）、六月十九日（观音生日）、四月春分日、立秋分龙日，以及每月的初一、十五

①　惠焕章：《关中百怪》，陕西旅游出版社，1999 年 12 月，第 57-58 页。
②　〔日〕中川忠英：《清俗记闻》（方克译），中华书局，2006 年 9 月，第 194 页。

等较为神圣的日子里挑粪上田，他们认为这样做就会因为冒犯神灵而导致歉收。[①]另外，在西南，还有一些少数民族，例如，傣族就认为粪便污秽，忌讳用它做肥料，故其稻田绝不施肥，认为如果施了肥，长出的庄稼会触犯神灵[②]。于是，在他们看来，和汉人使用人粪尿施肥相比较，他们自己的"卫生田"则比较干净。在广东省的佛山一带，旧时的清粪业有一个忌讳，亦即该行业的工人，还有家里的小孩子以及嫁来的人都不得说出"臭"这个字，而且，每年还必须在除夕的前一天到大年初三之间歇业，理由也是为了避免触犯神灵。[③]

第三节　围绕粪肥的城乡关系

在东亚各国完成近现代化之前的开封、临安、北京、南京、广州、上海、京都、江户、汉城、台北等几乎所有人口较多的城市，都曾经有过城里居民的粪尿为周边的农村所需求，郊区的农民会通过各种方法把城里人的排泄物拉回来作为肥料的情形。[④]此类"粪肥贸易"曾经长期处于"卖方市场"，粪尿成为炙手可热的抢手货，因此，在很长的一个时期内，城里人甚至会因此获得一定的现金或实物收入。有些农民为

---

① 任骋：《中国民间禁忌》，作家出版社，1991年3月，第338页。

② 本书编写组：《傣族简史》，云南人民出版社，1986年4月，第141页。

③ 刘志文主编：《广东民俗大观（上、下卷）》，广东旅游出版社，2007年1月，第44–45页。

④ 〔韩〕金光彦：《东亚的厕所》（韩在均、金茂韩译），第111–116页、第167–168页、第231–235页。周连春：《雪隐寻踪——厕所的历史、经济、风俗》，安徽人民出版社，2005年1月，第155–188页。

了在相互的竞争中获利，甚至还会想方设法地与某些城里的居民建立固定的关系，除了定期赠送一些农副产品，或以现金购买之外，还有帮助东家打扫厕所，以便可以定期地来"淘大粪"。

在中国，这种情形其实很早就形成一个传统，据宋人吴自牧《梦粱录·诸色杂货》记载："杭城户口繁伙，街巷小民之家，多无坑厕，只用马桶。每日自有出粪人去，谓之'倾脚头'，各有主顾，不敢侵夺，或有侵夺，粪主必与之争，甚者经府大讼，胜而后已。"此处所谓的"倾脚头"，便是以收集人粪尿为业的人们。《梦粱录·河舟》记载临安（杭州）的水路运输，"大小船只，往来河中，搬运斋粮柴薪，更有载垃圾粪土之船，成群搬运而去"。

明清时的北京，在这方面也不例外。只是碍于帝都的许多特定限制，例如，清朝时，运送出城的粪秽就只能走安定门。尽管城里存在"粪秽盈路"的局面，但居民们的排泄物也大多是由"粪夫"淘走，送往城外作为农肥。在清末时的北京，有《京华百二竹枝词》为证："粪盈墙侧土盈街，当日难将两眼开。厕所已修容便溺，摇铃又见秽车来"，大概说的就是糟糕的环境和有限的公共厕所，所幸的是，时不时地也有专门的"秽车"前来淘粪。当时，为了处理北京市民的排泄物，曾经形成了多个"粪厂"，成为老北京"三百六十行"中很重要的一个行当。有的粪厂配有专门"倒马子"的职工，或每天派人背着木桶，到各个住户或商户淘取粪便（图6），再用小车运回，然后，将其晒干，卖为肥料。据说这一行也形成了类似行会的规矩，各有不同的"势力范围"，彼此之间不得越界。和南方的"水粪业"有所不同的是,北方城市多是经营"干粪业",亦即要把粪肥在城外的粪厂晒成粪干以后,再运走出售给农家。到民国初年,北京城内则有专营此事的"肥业公所",虽被目为"贱业",但他们每年都要在四月二十八日演戏酬神,供奉关公、赵公明和增福财神,俗称"三财"。①

图 6　拾粪之图
（引自《北京民间风俗百图》，北京图书馆出版社，2003 年 2 月）

　　近代以来,在诸如上海、重庆等南方城市,也都形成了类似的行业,甚至在该行业内出现的"粪霸"现象,也曾程度不等地存在于全国各个大中小城市。从 19 世纪末至 20 世纪中期,上海市曾经先后尝试采取过农民个人进城收运、竞标承包清运、官商合办清运、市政清运等多种形式,以图

---

① 董增刚：《市井瓦肆与生活》，山西人民出版社，2007 年 5 月，第 92 页。

解决市民商户的粪秽问题。[①]但在近代上海，"倒粪"已成为一种特殊职业，粪夫组成帮派，各自形成垄断性的承包地段，彼此排他，据说这成为一种权益，可以传给子孙或售予他人。[②]1929年，重庆建市以后，当局成立了不少社会团体，其中就包括由"粪脑壳"（粪把头、挑粪工）们成立的"重庆市运肥业职业公会"，据说其会员曾达1000多人。他们按照行会的规矩，为该会取名为"五花帮"（寓意排泄物乃五谷所成），并将农历十月初一的牛王生日确定为会期，届时必举行祭祀牛王和关帝君的仪式。运肥业职业行会的势力很大，当局一般不敢招惹他们，因为一旦他们罢工，就会出现全市公厕、私厕粪满为患，环境卫生全面告急的局面。[③]城市里之所以能够形成此类行会或"粪霸"之类的现象，乃是因为有利可图，市民的粪便为周边乡村施肥所需要，于是也就成了一门财源滚滚的"生意"。在某种意义上，这也反映了农耕文明时代以粪肥为纽带的城乡关系的特点。

　　1951年11月，北京市公安局和卫生工程局发布了《关于改革粪道的布告》，宣布废除"封建的粪道占有制度"，将粪道、厕所均划归卫生局管理，这在当时，堪称是对旧社会进行改造工作的一部分。1950—1960年代，正如北京市的淘粪工人时传祥曾经被尊崇为劳动模范所象征的那样（图7），淘粪工人的社会地位得到了较大的提高，但即便

---

① 彭善民：《公共卫生与上海都市文明（1898—1949）》，上海人民出版社，2007年12月，第257—271页。

② 同上书，第269–270页。

③ 杨耀健："重庆公厕史话"，《龙门阵》2007年第1期。

如此，由于这份工作又脏又累，实际上还是没有多少人愿意去做。不过，随着社会的变迁和技术的进步，淘粪工人的劳动条件确实也在逐渐地改善。1957 年，北京市大约有60% 的粪秽是由汽车运走的，极大地降低了淘粪工人的劳动强度；1965 年，北京市改造城区的户厕，不少家户内的死坑厕所得以改为水冲式街坊厕所。1976 年，北京城区大约 95% 的厕所实现了汽车抽取粪秽的方法。1980 年代，部分回城的知识青年，因为就业困难而不得已接受了政府的安排在这一行就业，但到 1990 年代，这一行慢慢地就都变成是由外地人承担了。直到 20 世纪末，北京才最终彻底地淘汰了"淘粪工"这一职业。导致上述变化的原因很多，除了市政工程技术的发展，下水道系统逐渐趋于完善之外，周边乡村的农业慢慢地不再依赖，甚至不再需要粪肥，可以说是最为根本的原因。

图 7　劳动模范、淘粪工时传祥

第一章　农耕文明的厕所文化

　　在我们的邻国日本，以大阪为例，直至1940年代，一直还都存在着用船或马车转运市民的粪秽去周围的农村贩卖的情形，据说在当地还因此形成了一句俗话："天下的财富在大阪，大阪的财富在粪船"，可知，这一行在日本也是有利可图的。明治年间，在九州的福冈，甚至还曾经爆发过与粪肥交易有关的骚动：因为粪便的价格上涨，引起了乡下农民的不满，他们便不来收取，结果导致城里出现了屎尿横溢的局面。日本大体上是在第二次世界大战结束之后的1950年代，因为日益增多的化学肥料，才最终使得人粪尿逐渐地失去了经济价值，于是从农村前来淘粪的人日益减少。到了1960年代，日本全国各地开始陆续建立起"粪尿处理站"，以推行化学处理人们排泄物的技术；直到1970—1980年代，下水道和水洗厕所才最终在全国真正地普及开来。①

　　类似的粪肥贸易，其实绝非中国和东亚地区所独有。法国直至19世纪中晚期，粪便都一直被视为是"几乎享有神话般声誉的肥料"，因此，自然也就有人专做收集城里人的粪便，再转卖到乡下的生意。在一些空想社会主义者（如傅立叶）的构想中，人类的排泄物是循环社会的一部分：每个人宗教般虔诚地收集自己的粪便，交给国家作为税收或捐献，社会则将因此而消除贫困。② 据说在19世纪的美国，粪便同

---

① 〔日〕阿南透："民俗学视野中的消费"（赵晖译），王晓葵、何彬编：《现代日本民俗学的理论与方法》，学苑出版社，2010年10月，第405–421页。
② 〔法〕罗歇 – 亨利·盖朗：《方便处——盥洗室的历史》（黄艳红译），中国人民大学出版社，2009年8月，第87–88页。

样也曾经是一种交易红火的商品。① 直到 20 世纪初，在瑞典的一些乡下地方，依然有粪堆被农夫精心地照料着，至于闻着粪臭会引起不快，那根本算不了什么，因为与其说粪便是脏的，不如说它被看作一种财源。②

第四节　不很介意的"污秽观"

从"生态文明论"的立场来看，中国古代的农耕文明，是建立在农民们精耕细作的辛勤劳动的基础之上，这其中也有人畜粪尿有机肥料的重大贡献。尽管在今天的都市居民看来，以人畜粪尿来为庄稼施肥的方式令人感到不适或不安，但若是从人与自然能够和谐共生的传统农业生态链的角度出发，那就应该承认传统农业使用有机肥料曾经是非常合理的。以此为前提，厕所不只是对排泄行为和排泄物予以管理的场所，它还具有收集粪尿的功能；作为可以将人体废物转换为重要资源的装置，经营厕所同时也就是对农田的投资，是对富有价值的资源所从事的积累和利用。和此种农耕文明的形态相适应的厕所文化，除了收集人粪尿并视之为珍贵资源，形成"堆肥""水肥"之类的民俗之外，确实也有视之为寻常，见脏不怪，即便它有些脏臭，一般也并不觉得那有多么的难堪或多么难以接受的情形。正如文化人类学所揭示

---

① 〔美〕霍丁·卡特：《马桶的历史——管子工如何拯救文明》（汤加芳译），上海世纪出版集团，2009 年 4 月，第 51 页。

② 〔瑞典〕奥维·洛夫格伦，乔纳森·弗雷克曼：《美好生活：中产阶级的生活史》（赵丙祥、罗杨等译），第 145 页、第 160 页。

的那样，可以用"实践"这一类概念来描述的人类活动，总是观念与行为的综合体，农耕社会里人们对于粪肥的珍重和利用实践，自然也就促成了不会过度介意粪秽的行为和观念。

中国向来有"民以食为天"的说法，但却没有"人以厕为地"之类的观念。民间说"催饭不催恭"，也是把内急视为不需言说之事。很多文化都程度不等地存在着重视"进口"和轻视"出口"的问题，除了饮食被高度地"文化化"之外，人类生活的绝大部分"生理"的方面，包括性交、撒尿、拉屎、呕吐、月经等，这些身体活动的方式通常总是被"高雅文化"定义为是令人"恶心的"①。但是，中国的文化传统进一步还有将此种差别推到极端的倾向：一方面是发展出了琳琅满目、花样翻新的饮食文化，另一方面却是很少在厕所方面下功夫，人们甚至因为去了一趟收费厕所"方便"而感到自己"亏"了。中国虽然是有"吃喝拉撒睡"等有关人的日常生活行为之重要性和必要性的说法，但对"吃喝"和"拉撒"的重视程度却完全不成比例，进而还有完全不能对等的价值评判。例如，日常口语提到大小便或厕所时，经常会使用委婉、回避的说法，或使用一些否定或消极的表述，就像歇后语说"茅房里的石头——又臭又硬"，潜含着厕所本来就应该是臭和脏的；又比如说"人不能被尿憋死了"，其潜台词是说排泄之事不过是一件微不足道的区区小事，随意即可释放。

---

① 〔英〕戴维·英格利斯（David Inglis）：《文化与日常生活》（张秋月、周雷亚译），中央编译出版社，2010年6月，第138页。

前些年，中国很多地方的农民生活富起来了，盖起了小洋楼，但颇为常见的情形却是很少在改善厕所上花钱下功夫，至多只是把它换成砖墙而已。还有俗话说："管天管地，管不着拉屎放屁"，似乎是说对于人的此类生理需求是不宜施加强制性管理的，好像在这些方面随便、随意一些也无大妨；一般在没有重大的疫病传染等危机发生之际，通常也不会把个人的排泄行为和排泄物的处置问题，视为关涉公共卫生的大问题。民众这种"随意性"的不大介意粪秽的态度①，确实也是与漫长的农耕文明时代有着密切的关系。

旅美中国人类学家许烺光曾经于 1942 年在中国西南滇西北的一个处于霍乱爆发危难之中的村镇（西城），深入地观察了当地旨在净化社区污染的打醮等仪式。他非常敏锐地指出，当人们在面对疫病危机之时，采取的是宗教净化仪式和实际的清洁卫生相结合的方法，其中既包括投放预防霍乱的药物、药方，也包括规劝民众遵从道德劝诫。例如，当地警方公布告示称："严禁放养各类动物。严禁随地大小便，乱扔垃圾。违者格杀勿论！"与此同时，也有社区长者的道德劝告："祈祷、禁欲，严禁污秽不堪"。人们还把当地教会学校和医院在其厕所内外使用石灰粉来消毒的方法（这种情形在 1940—1960 年代的中国颇为普遍），引申到用石灰粉在自家住宅的门前画出半圆形的线以抵御病魔的新尝试。在西城，通常人们是不打扫街道的，就连自家门前也不去清

① 任吉东、愿惠群："卫生话语下的城市粪溺问题——以近代天津为例"，《福建论坛（人文社会科学版）》2014 年第 3 期。

扫，但在非常时期，大家却也能够接受包括禁止乱扔垃圾、随地大小便之类的公共道德劝戒。[①]一转眼 70 多年过去了，当我们重新阅读许烺光的描述，不由得就会联想到不久前那一场"非典"危机。当时整个中国社会面对这场涉及卫生、传染病之类的公共危机的方式，几乎和数十年前由许烺光先生提供的那些案例非常相似。如果我们不去拘泥于"西城"这一具体社区，毋庸讳言的便是，在中国各地的小城镇，以及很多大中小城市的城乡接合部，包括垃圾和公共厕所等最为常见的公共卫生环境，至今依然是十分严峻的局面。

第五节　马桶与厕神

在中国各地，旧时曾经普遍有过使用虎子（夜壶）和马桶作为室内便溺之器的习俗，甚至在有些地方因此也就不再需要专设厕所了。其中的"虎子"作为"亵器"却又有"清器"之称，其命名的原理犹如《说文》以"清"训"厕"。唐宋以后，虎子又有"马子"之称，其实它就是一类非常普遍的亵器，从东北亚到小亚细亚，分布地域相当广泛。至于马桶，大约兴起于中国江南的水乡，它可以大小便兼用，因为有盖遮味，故又有"净桶"、"便桶"之别称。马桶在中国南方多是男女兼用的，但在北方似乎主要是女性使用[②]。

① 许烺光：《驱逐捣蛋者——魔法·科学与文化》（王芃、徐隆德、余伯权译），台湾南天书局有限公司，1997 年 1 月，第 35–43 页。

② 李晖："兽子·虎子·马子——溲器民俗文化抉微"，《民俗研究》2003 年第 4 期。

清晨，勤快的主妇就到小溪边洗涮马桶，然后，就把马桶晾晒在门口，以至于"晾晒马桶"成为江南城乡的一道风景。这种马桶因为每天都要洗涮，因此，还算是比较卫生的，但是，马桶里的秽物通常就直接倒进了门前的河溪里，故对于公共卫生而言有很大的妨碍，尤其是往往就在同一条河溪里，上游在洗涮马桶，下游却在洗菜、淘米、洗衣，甚或游泳。针对这种情形，中国人类学家费孝通曾经批评过苏州人往后门的小河里倾倒秽物的行为。什么东西可以向这种出路本来不太畅通的小河沟里一倒，有不少人家根本就不必有厕所。明知人家在这河里洗衣洗菜，毫不觉得有什么需要自制的地方。"①

如果我们只是就事论事地谈论苏州市民旧时曾经有在河溪里洗涮马桶的习俗，那么，在经过了差不多70年的努力之后，这种现象目前在苏州、上海、南京等江南各个城市均基本上消失了，由于新的城市化和市政上下水系统的彻底改造，使得市民家里都用上了现代化的抽水马桶。甚至在长江三角洲的很多乡村，由于包括卫生科学知识的逐渐普及在内的现代化进程，普通民宅也越来越多地采用了新式抽水马桶，由此导致传统的马桶迅速地退出了人们的日常生活。虽然传统的马桶已经不再实际使用了，但它作为一种隐喻性的符号，仍在民间婚礼上作为嫁妆而登场，并被用来象征新娘子的生殖能力。所以，至今在江南的不少地方，民间制作马桶的木匠们的生意并没有受到很大的影响，就是因为马桶同时作为

---

① 费孝通：《乡土中国》，生活·读书·新知三联书店，1985年6月，第21页。

民间婚礼中的"子孙桶",眼下仍是必不可少的陪嫁物。马桶能够在婚礼上被当作生殖象征的隐喻,正好也可说明民间乡俗的观念是并不觉得马桶肮脏得多么难以接受。

在中国传统的民俗文化当中,也曾有过"厕神"(戚姑、坑三姑娘、紫姑)的存在,但她们却基本上不管厕所,更不管厕所的卫生[①],她的职能主要是"以卜将来农桑,并占众事"(《荆楚岁时记》),并非如后人所演绎的设置厕神乃是为了寄托一种不可以歧视厕所,故应保持其洁净的美好心情[②]。细说起来,厕神之成立,主要还是因为她非正常地死亡于厕所,或因与"秽事"相关(图8)。像紫姑,因被丈夫的嫡妻"常役以秽事"而自杀(刘敬叔《异苑》),所以,世人就在厕间或猪栏的旁边(可以想象猪圈和厕所合一的状况)迎之。也有专家指出,这类故事很可能就是起源于戚夫人(俗称戚姑)被吕后所残害,扔到厕所的典故。[③]因为紫姑是在正月十五日"感激而死"的,后世遂以是日,具其形,夜于厕间或猪栏请"厕神"下凡。梁宗懔《荆楚岁时记》:正月十五日,"其夕,迎紫姑";清顾禄《清嘉录》:正月"望夕,迎紫姑,俗称接坑三姑娘,问终岁之休咎"。可知古时候,这是一个主要由妇女们参与的节日,她们卜问最多的其实还是乞子和乞巧之类。清末上海的妓院里很崇敬紫姑神,每年正月十五,一定要隆重祭祀,以求一年的生意兴隆(图9)。

---

① 魏忠编著:《方便之地话文明》,中国环境科学出版社,1996年6月,第39-43页。

② 伊永文:《古代中国札记》,中国社会出版社,1999年1月,第96页。

③ 巫瑞书:"'迎紫姑'风俗的流变及其文化思考",《民俗研究》1997年第2期。

只是到了近代以后，这个风俗逐渐地衰落了，不再是元宵节的例行节目，因此，"厕神"也就逐渐地被人淡忘了。

图 8　厕神

（采自《新刻出像增补搜神记大全》卷六）

图 9　吴友如：迎紫姑神

（采自孙继林编《晚清社会风俗百图》）

第一章　农耕文明的厕所文化

　　和中国的情形有所不同，在日本，厕神除了主管生育和发财，她原本也没有净化厕所之类的寓意，但民间出于对厕神的敬意，对厕神和清洁之间的关系进行了重新的演绎。例如，日本有"洗厕开运"一说，意思是向"厕神"祈祷便可大开财运；厕所打扫干净了，家里会有福，厕所不干净，家里会有祸，所以，想让"厕神"高兴的最好方式，莫过于保持厕所的清洁。① 日本电影《厕所女神》里讲到，厕所里住着一位美丽的女神，如果把厕所打扫得非常干净，就能像厕神一样也成为美女。② 大体上，这种说法多少也算有一点儿民俗的根据，例如，日本有一些地方就有俗信说若孕妇打扫厕所，生下来的孩子就会很漂亮。有些地方的人们在进厕所时，先要咳三声，以示对厕神的敬意。在韩国的民间，据说还有"在厕所出生的人一定长寿"之类的传统观念，韩国厕所协会的发起人沈载德的母亲，据说就是遵照孩子祖母的意愿，而特意选择在厕所里生下了他。

　　提到厕神，值得一提的还有来自佛教的"乌瑟沙摩明王"，亦即不动明王之化身。因为他曾经为保护佛祖而吃毁粪城，故在韩国和日本被祀为厕所之佛，具有变不净为净之力，亦即有净化之德。实际上，在东亚三国的佛教世界，僧侣们如厕的行为往往同时也是禅宗修行的一部分。例如，如厕时要念诵所谓的"厕所五咒"，在排泄秽物的同时，也把心中的

---

① 飯島吉晴：『竈神と厠神―異界と此の世の境―』、講談社、2007 年 9 月、第 175 頁。
② 屎尿・下水研究会编：『トイレ：排泄の空間から見る日本の文化と歴史』、ミネルヴァ書房、2016 年 10 月、第 98–100 頁。

贪念、欲望、野心、愚钝等污秽一并排出去。由于"厕所五咒"的内容涉及"洗净"（先把厕所打扫干净）、"洗手"（便后将用于擦屁股的左手洗干净）、"去秽"（与排泄物一起，把心灵的脏物一并排除）、"净身"（通过如厕并念诵五咒的过程，让身心完全清静）等多个方面①，因此，我们就有理由相信，佛教寺院的厕所一般要比俗世的厕所稍微干净一些。但如果过于重视精神方面的"去秽"，而用所谓"无瓶水"，亦即念此五咒来等同用水擦洗的效果，那么，厕所卫生的实际状况则又另当别论了。和寺院对于厕所有一些雅称（例如，东司、雪隐、净房、方便处等）形成鲜明对照的是，各地民间对于厕所的称谓则颇为俗气，茅房、茅子、茅坑，等等，其简陋和不值得重视的意味昭然可见。

旧时在人们的理念中，厕所空间的价值不仅低下，而且，往往还可能是负面的，例如，清人张宗法在其《三农纪》中提到厕所时就非常强调，厕所"忌当前门、后门及屋栋柱，不可近灶、近井"。吴鼒《阳宅撮要》里提到"厕"："乾是天门莫做坑，亥壬戌位损牺牲。甲乙丙丁辛丑吉，若安子地损田桑。癸艮酉庚不吉利，巽辰损丁招是非。寅卯巳未坤损女，吉地午位旺蚕桑。申位失火休冒犯，时师仔细自推详。乡间住宅若于来龙处开坑，大则伤宅主，小则官非人命。艮巽坑不发文才，坤兑坑老母幼女多病。坎离坑主坏目，卯酉坑主孤寡，乾坑主老翁灾。厕宜压本命之凶方，镇住凶宅反生福。此方与灶座烟囱相同压之大吉。"主要的意思是说，

----

① 〔韩〕金光彦：《东亚的厕所》（韩在均、金茂韩译），第46–57页。

厕所不宜设在"天门"，亦即居上的方位，处理不好就会导致家畜受损或家内不安；当然也不宜设在门口、风口，不宜正对后门，应该压住本命之凶方。[①] 于是，在风水学说的理论和实践当中，厕所总是处于被贬置的境遇，一如北京四合院里厕所的位置，通常多设在"鬼门"或其他不吉的方位[②]。在山西省的定襄一带，厕所在宅院风水中属于最低之处，甚至连栽树都不在其附近，因为，那样无形中就有可能提高了它的地位。[③]

---

① 王玉德编著:《古代风水术注评》，北京师范大学出版社、广西师范大学出版社，1992年10月，第144-146页。

② 由于风水解释在具体实践中的任意性，事实上，几乎所有的方位均有修建厕所的实例，因此，关于厕所的风水问题，需要依据具体案例进行分析，很难一概而论，但大体上以避人、下风、不冲犯为原则。

③ 张福根主编:《定襄民俗杂谈》，山西省定襄河边民俗博物馆、定襄县民俗文化学会编印，1998年12月，第188页。

第二章　社会运动与厕所改良

　　1840年鸦片战争和1894年甲午战争的失败，使大清国的虚弱衰败成为定论。随后，中国国内相继出现了各种救国论，诸如"科学救国"、"卫生救国"、"教育救国"、"体育救国"等，当时的政治和知识精英也逐渐地把国家的虚弱和人民身体的病弱联系了起来。于是，"东亚病夫"作为一个（被歧视的）国家和国民的"隐喻"，迅速地被强化成为激励有识之士致力于卫生改革，进而由此促进国家更生的动力机制。由此，我们也就不难理解在近代中国建立现代医学（西医），进而提倡国民健康和公共卫生之类的理念或相关范畴，往往是非常自然地就会成为当时民族主义话语的一部分。

第一节　"卫生"理念的层面

　　"卫生"一词，很早就见于中国古籍（例如，《庄子·庚桑楚》里提到的"卫生之经"），其本义原先主要是个人为了"养护"身体，"卫全"生命，以"养生"达致长寿，但它同时也兼具"医疗"、"医药"之类的含义。现代意义的"卫生"概念，来自从日本的引进，但更为准确地说，该词乃是经历了作为中国古典词汇先传入日本，日本人用它对译西方术语，然后再传入中国的复杂历程[①]。日本在幕府末年和明治初年，曾经大力向西洋各国学习公共健康及卫生事务方面的经验，1871年受命考察欧美各国医事卫生制度的长与专斋，后来于1875年被任命为明治政府的首任卫生局长，正是他采用了《庄子》里字面高雅的"卫生"一词，对译德文的Gesundheitspflege，但他对于"卫生"的定义，却并不局限于单纯的健康保护，而是扩大解释为"负责国民一般健康保护之特种行政组织"[②]。这意味着"卫生"作为一个现代术语，其内涵被赋予了全新的意义。换言之，卫生并非个人养生的修为，而是在国家层面对于民众健康的保护，这个理念后来成为日本政府制定其卫生政策时的根本性依据。

晚清新政在1905年设立了巡警部，其中在警保司之下有"卫生科"的设置，这是中国近代政府机构中首次使用"卫生"这一名称，这个"卫生科"也是中国最早的公共卫生机构。[③] 1906年巡警部改为民政部，专设"卫生司"，掌管办理"防疫卫生"、检查医药以及设置"病院"等事务，这些

---

① 冯天瑜：《新语探源——中西日文化互动与近代汉语术语的生成》，中华书局，2004年10月，第599页。

② 刘士永："'清洁'、'卫生'与'保健'——日治时期台湾社会公共卫生观念之转变"，载余新忠、杜丽红主编：《医疗、社会与文化读本》，北京大学出版社，2013年1月，第403–438页。

③ 邓铁涛、程之范主编：《中国医学通史　近代卷》，人民卫生出版社，2000年1月，第328–329页。

大概都是现代意义上"卫生"一词较早被使用的例子。1906年朝廷派遣钦差大臣出访各国,着重考察各国的法律,随后,为了革除"人治"的弊端以彰显"法治",朝廷又任命了修订法律大臣,成立修订法律馆,开始制定刑律、民法等法律,这其中就有一些涉及医药卫生方面的条款,包括对饮用水之污染的惩罚,同时对"装置粪土秽物,经过街市不施覆盖者"等有碍卫生的行为,也规定了一定的罚则;对于一些公共场所如戏园等设施的管理,也出台章程要求"便溺处所另修洁净,以重卫生"等。1907年,各省增设巡警道,其下面专设"卫生课",以"掌卫生警察之事"。在卫生司制定的"本部卫生简章"里,也提及放置痰盂、不许倾倒污水及随地大小便等,这些条文虽然简略,但在中国却属于破天荒之举,故其意义值得重视,[1] 因为它们都是具有现代性的"卫生"理念,在古老的中国逐渐得以确立之艰难过程的片段痕迹。到了民国初年,"卫生"一词的现代含义进一步地普及开来,故在有的地方志中甚至还设有"卫生志",对"地方卫生事业"予以记述[2]。

和传统社会的"污秽/洁净"观念有所不同,现代性的"卫生"和防疫、保健等理念进入中国以后,很长一个时期内,在一般公众的理解当中,仍然较多地将它聚焦于个人的喜好和修为。只是当某种公共卫生的危机爆发,例如疫病流行之际,它们似乎才成为全社会的需求和政府的

---

[1] 邓铁涛、程之范主编:《中国医学通史 近代卷》,第331–332页。

[2] 余新忠:《清代江南的瘟疫与社会——一项医疗社会史的研究》,中国人民大学出版社,2003年1月,第197–198页。

职责，于是，清洁事务也就不再只是个人层面的行为，而是逐渐地演变成为同时还是社会、国家和民族开展防疫卫生事业的关键性基础。在中国，这意味着国家的卫生防疫举措，其实主要就是把卫生清洁的责任，落实到每个国民个人的行为举止上，诸如不随地吐痰、不随地便溺之类。于是，清洁卫生就不仅关乎个人的健康，也关乎国家和民族的强盛，"卫生"被附加了通过提升国民（个人的）卫生水平而实现强种、强国之路径的属性，进而间接地促成了此前未曾有过的国家和国民个人之间具有较新性质的关联性[①]。正是基于上述逻辑，在近代以来中国社会的诸多旨在强化国民卫生观念的实践或运动当中，"厕所"每每成为其中一个不容忽视、似乎具有可操作性，但却又难以根本解决的尴尬问题。

　　长期以来，中国一般百姓对于个人卫生和疾病健康之间关系的理解，大多是基于因循的惯习，日常生活中存在诸多和现代科学的"卫生"观念格格不入的情形，且对其习以为常，缺乏自觉。即便是在经济和文化最为发达的江南地区，民众的用水习俗往往也很容易导致疾病的传播，例如，简陋的厕所常常建于河边，人们对于往河里倾倒马桶和洗涮马桶等熟视无睹，而河水又是人们最为依赖的生活用水[②]。值得指出的是，人们对于传染性疾病之类"瘟疫"的病原学解释，

---

①　胡宜：《送医下乡：现代中国的疾病政治》，社会科学文献出版社，2011年9月，第41–43页。

②　余新忠：《清代江南的瘟疫与社会——一项医疗社会史的研究》，第177–179页。《绍兴市卫生志》，上海科学技术出版社，1994年，第109页。

或者是"鬼神司疫"（疫鬼、瘟神、五方瘟神），或者是"疫气致疫"（邪气、瘴气、戾气、阴气、湿气），因此，经常会采用驱逐或辟邪的仪式予以应对[①]。当然，各地民间也有一些对于病因的道德性解说，或稍具现实性的理解，例如，生活饥寒交迫、习惯不良、不讲卫生、不规律或尸体处置不当以及住所空气不流通之类[②]，都被视为可引发疾患的原因，但是，所有这些认知并不基于科学的因果关系而成立，总是模模糊糊、不求甚解。虽然作为"西洋镜"之一的显微镜（早期只是放大镜或单显微镜）早在19世纪中期就已经逐渐地为中国人所知晓[③]，但它后来所揭示的那个微观的细菌致病的世界，很久以来却一直难以被中国缺少受教育机会的底层民众所理解。

鸦片战争之后，西方各类教会组织进入中国，伴随而来的还有西医、西药、新式医院和西洋的卫生观念，以及对于疾病的不同认知等。中国比较早地开始普及卫生知识的尝试，大概可以以1889年《闽省公报》从178卷起连载的《护身要录》为例，其内容是以对西医的介绍为主，但它的目的则是为了减少公共卫生事件的发生，因而致力于宣传医学卫生的知识。近代以来，福建、广东等沿海地区的新式医院，在使用自来水、建设新式厕所、注意消毒

---

① 余新忠：《清代江南的瘟疫与社会——一项医疗社会史的研究》，第120–133页。
② 同上书，第133–144页。
③ 刘善龄：《西洋风：西洋发明在中国》，上海古籍出版社，1999年9月，第11–15页。

和卫生环境等方面，起到了重要的示范作用，在其影响之下的周边民众的卫生观念开始逐渐发生变化。每当发生瘟疫之时，人们也慢慢地学会了对于患者的衣服、器具、呕吐物及大小便等予以消毒处置的方法，进而还出现了在痰盂和大小便器具放解毒之药（消毒）之类的公共卫生实践。由此扩展开来，一般大众的公共卫生观念也才逐步确立。[①]在以上海为代表的沿海半殖民地城市，西医东渐为近代城市的公共卫生事业（包括自来水、市容环境管理、下水道系统、医疗机构以及公共防疫理念的确立等）提供了科学的依据，"租界"形成的公共卫生管理制度，事实上则为各城市的"华界"提供了建构具有现代性的公共卫生制度的示范性样本。

　　正如有学者指出的那样，20世纪的医学科学早已证明，19世纪后期至20世纪前期传染病死亡率的下降，主要是由于饮食、住房、公共卫生以及个人卫生习惯的改善，而不仅仅是源自医学自身的革新。尤其重要的是，由此形成了世界范围的新常识，亦即把清洁的食物、水、空气和生活环境，视为是抑制和减少传染性疾病发生与传播的基本条件，这种公共卫生观念本身可以说就是人类历史上最为重大的进步[②]。在这一点上，中国也不例外，但普通的中国民众基本上是在20世纪中期以后才逐渐地具备了上述那样的常识。

① 王尊旺、李颖：《医疗、慈善与明清福建社会》，天津古籍出版社，2010年11月，第151–153页。

② 何晓莲：《西医东渐与文化调适》，上海古籍出版社，2006年5月，第169页。

第二节　新生活运动中的"厕所"

厕所改良事业在中国，大体上可以上溯至清末，例如，在对于挽救大清已为时甚晚的"晚清新政"（1901—1911）中，就曾经包括有此类举措。1905 年，清政府在新成立的巡警部下设立卫生科，其职责就包括了街道卫生（打扫街道、管理公厕、垃圾处理、管理下水道和乱丢的物品）等。[①] 具体到各个地方，例如，像清末时周孝怀的"成都新政"，也曾经要求警察管理街道，把街边的屎缸填平，街区茅房也要予以改造，尽量以石灰刷墙等。

进入中华民国时期，"卫生"逐渐成为"新生活"不可或缺的要件，引起了越来越多有识之士的关注。成立于 1915 年的中华医学会，将"普及医学卫生"视为宗旨（之一），非常积极地从事和参与向民众普及现代卫生知识的各种活动。随后，社会上也相继掀起了多次大众卫生运动。1919 年 9 月 21 日，李大钊就曾经署名"守常"，在《新生活》杂志第 5 期发表"北京市民应该要求的新生活"一文，其中涉及污秽、迟滞、不方便、不经济及不卫生等方面的问题，他认为北京市民可以办到的、应该要求的"需要"中，就有对"街口巷里的屎尿，应严加取缔。臭气熏天的厕所，应该改造。设备适于清洁的厕所，应该添设"；"粪夫团体，

---

① 张大庆："疾病模式的变化与长寿：二十世纪北京卫生的演变"，〔美〕吴章、玛丽·布朗·布洛克编：《中国医疗卫生事业在二十世纪的变迁》，商务印书馆，2016 年 12 月，第 37—55 页。

应由警厅加以编制，为之设备一切器具及一切卫生设施。下水沟亦须改善，以图公众卫生"等等。当时的政府在推动卫生事业时，通常也是乐于接受来自域外专家的帮助，1925 年，在兰安生（John B. Grant）的推动下，京师警察厅同意在灯市口地区设一个"卫生实验站"（后改名为北平市卫生局第一卫生事务所），其中的环境卫生科专门负责调查水、食品、厕所/苍蝇、家庭卫生、街道卫生和公共卫生教育等方面的问题。[①]

1926 年，中华平民教育促进会以河北定县为实验区，组织进行包含卫生项目在内的社会调查，除"平民教育协会"之外，还有一些大学教师参与到帮助乡村改善卫生的实践性活动之中。晏阳初认为，中国大患是在于民有四病（贫、愚、弱、私），故需要通过办平民学校，进行四大教育（生计、文艺、卫生和公民），从而达到强国救国之目的。在中华平民教育促进会定县实践的延长线上，美国哈佛大学的毕业生陈志潜于 1932 年进入定县，随后开创了医疗下乡的定县模式。陈志潜通过实地调查发现，当时在定县乡村，6 岁以下儿童的死亡，以腹泻和痢疾为主要原因，这其实就是由于人畜排泄物管理不善，导致饮用水受到污染。为此，他致力于在定县建设三级医疗保健制度，在村落层面推动水井的建设改良，以改善饮用水的卫生条件等。[②]

南京政府内政部曾于 1928 年 5 月推出《污物扫除条例》，

---

① 卜丽萍："兰安生与中国公共卫生和公医制"，〔美〕吴章、玛丽·布朗·布洛克编：《中国医疗卫生事业在二十世纪的变迁》，第 223-239 页。

② 胡宜：《送医下乡：现代中国的疾病政治》，第 65 页。

明确规定"土地房屋所有者、使用者或占有者，为保持其地域内或建筑物内之清洁，应履行下列各事：一，备适当之容器，以容尘屑污泥；二，备适当之沟渠以通秽水；三，备适当之便所，以容粪溺"。《污物扫除条例》要求全国各城市每年5月15日和12月15日，各举行一次大扫除；同时还制定了《卫生运动大会施行大纲》，规定在这两天，各个城市均要举办卫生运动大会，动员市民参与，以提升城市卫生环境和市民的清洁习惯。这类例行的活动在上海、天津、广州及武汉等大城市得到了较好的遵循。例如，1928—1937年间的上海市卫生运动大会，一直坚持下来，其目的主要是卫生知识普及和清扫街道、维护市容清洁（取缔随地便溺、吐痰、乱扔垃圾等），而且，这类活动也确实对普通市民的卫生理念产生了重要影响。[1] 天津市曾于1928年12月14日，举办了首次清洁运动，动员市民打扫房屋院落，收拾厨房和厕所，以及不可乱丢秽土、秽物等。此后，这一运动或称清洁大扫除几乎每年都坚持举办。[2] 北平市在1928年成立了卫生局，其职能主要就是负责街道卫生、供应清洁饮用水、改善厕所以及管理为数有限的医院等。北平市政当局为了改善"粪业"，曾试图将"粪道"收归市办，后虽然计划流产，也算是较为积极地将粪业纳入卫生行政之内的尝试。

———————————

① 彭善民：《公共卫生与上海都市文明（1898—1949）》，上海人民出版社，2007年12月，第135—140页。

② 朱慧颖："民国时期的卫生运动初探——以天津为例"，载余新忠主编：《清以来的疾病、医疗和卫生——以社会文化史为视角的探索》，生活·读书·新知三联书店，2009年8月。

尤其值得一提的是 1930 年代由蒋介石主导的"新生活运动"。这个运动由政府主导，具有自上而下的强制性，它在江西、上海、南京等地有一些声势，也多少具有全国性的影响，其目的是想制造出全新的国民。过去对于新生活运动的判断，总是和意识形态、政治动机相纠葛，往往简单地就否定了它，但若就这一运动提示的诸多生活改善目标，例如，通过市容、乡容之清洁、卫生来"改革社会"、复兴国家，将传统的道德亦即"礼义廉耻"（四维）与一般人民的"食衣住行"相结合等，似乎值得予以重新的评价。在这个运动提出的"新生活须知"（95 条）中，对于民众的行为规范有很多要求，其中对于"规矩"和"清洁"给予特别重视，包括不在公共场所吸烟、打喷嚏、保持厕所卫生、不随地吐痰、不随地大小便等非常具体的要求（图 10）[①]。新生活运动促进总会于 1934 年 7 月 1 日在江西省南昌成立后，在制定的诸多"厉行新生活办法"中，还特别有一项"公共厕所改造办法"；与此同时，在对一些项目的落实情况所实施的检查中，也涉及公共厕所和屋内厕所的清洁问题，并敦促不达标者整改。[②] 虽然在有些地方，例如在武汉，主事警政的蔡孟坚曾经借力新生活运动的名义，强化推行污物管理方面的改革，把污物大扫除的各种举措落实在社会基层，从而使得武

---

① 〔日〕深町英夫：《教养身体的政治——中国国民党的新生活运动》，生活·读书·新知三联书店，2017 年 7 月，第 2–3 页。

② 深町英夫：『身体を躾ける政治－中国国民党の新生活運動』、岩波書店、2013 年 5 月、第 5 頁、第 111 頁、第 138 頁。段瑞聪：『蒋介石と新生活運動』、慶応義塾大学出版会、2006 年 11 月、第 161 頁。

汉的市容为之改观。但就这一运动所标榜的其他更为重要的项目而言，厕所及相关问题实在也谈不上有多么重要。而且，由于时代的各种局限，当时的新生活运动对于普通国民生活的实际影响还是显得非常有限。

图 10　新生活运动图解

（引自《新生活周刊》1934 年第一卷）

很多人对于蒋介石在新生活运动中如此执着于那些琐碎、具体的卫生习惯，感到不可思议或难以理解[①]。但有研究显示，蒋介石之所以在推动新生活运动的过程中格外重视"纪律"和"卫生"，这可能与他 1908—1910 年赴日留学，在"振武学校"曾经受到的严格规训有关；毕业以后，他又在日本陆军的炮兵连队实习一年，也受到日军内勤管理方面的约束和影响，亦即每个队员均被要求"在日常生活的所有行为上注意自己身体和周围环境的规矩、清洁。简言之，需要控制个人的生理和欲望来维持集团的秩序和

---

① 温波：《重建合法性：南昌市新生活运动研究（1934—1935）》，学苑出版社，2006 年 12 月，第 59 页。

卫生。尤其是饮食、排泄等伴随着体液（口水、粪尿等）的生理行为和身体洗涤，以及屋内用水的地方（食堂、厕所、盥洗室）都受到了关注"，如此的规训其实与当时对细菌传染疾病之危险性的焦虑有关。[①] 若进一步寻根追源，这些意识和观念其实是来自欧洲，受到了当时德国最为先进的卫生学及细菌学的影响。换言之，对于日常生活中秩序和卫生的刻意要求，包括对于饮食、排泄和睡眠等生理现象也予以定时管理的理念，伴随着吃西餐、穿西装等习惯的普及，通过日本政府的兵役制度而逐渐普及到一般的日本社会当中。[②] 正是由于现代卫生学的成果显示了细菌和病毒的无所不在，所以，"卫生"便成为纪律规训的"利器"，因为个人的散漫和不洁，不仅可能导致自身的疾病，还有可能因传染而危及他人，甚至危及集团、民族乃至于国家[③]。于是，"卫生"在当时亟需"保种救国"的中国社会，也就很自然地成为新生活运动的重要诉求。发动新生活运动时的蒋介石，期待人民"从此能真正做一个现代的国民，不再有一点野蛮的落伍的生活习惯"，似乎就是为了抵御外敌而积极地要去模仿敌人。

始于1934年的新生活运动，其主要目标是试图通过对清洁与纪律等规范的强调，再造现代国家的国民，也因此，在那些相对较为"高大上"的道德说教之下，作为能够实际

---

① 〔日〕深町英夫：《教养身体的政治——中国国民党的新生活运动》，第9-10页。

② 同上书，第10页。

③ 胡宜：《送医下乡：现代中国的疾病政治》，第46页。

操作的项目，新生活运动则涉及民众日常生活中的诸多细节。蒋介石曾经极力地痛斥当时中国人生活中的"丑怪"与"污秽"，认为几近"野蛮"，而为了改变这一类现状，他甚至亲自制定了多达95项涉及诸多细节的规约。[①] 其实，中华民国初年的领导人孙中山，早年也曾经对于国民的日常生活小节提出过很多批评，并且也是把"卫生"作为形成新国民的要件。无怪于有学者尖锐地指出，在现代性的"卫生"理念被引入中国以后，中国社会出现了两种较为突出的现象，一个是不断高涨的对于公共卫生建设的需求，另一方面则是国家领导人对于国民个人卫生的近乎执着的批评和要求，而在这两种现象之间，多少还是存在着一些紧张关系的。[②]

1937年，抗日战争爆发，政府的卫生事业也基本上进入停滞状态，唯重庆在1938年成为战时的首都，故重庆市卫生局曾大力开展过清洁新首都的运动，其内容包括为了防止传染病，指导并规范居民的日常行为，诸如在何处小便、何处堆放垃圾等，据说当时还制定了垃圾分类化和粪便处理的市政计划。作为抗战的大后方，重庆的城市建设受到格外的重视，从1939年至1943年，蒋介石发布的很多手令，内容常常涉及市政建设、城市景观、公共卫生等方面。当时，改善公共卫生是城市建设的重要环节，也是市政府的工作重点。

---

① 雷祥麟："习惯成四维——新生活运动与肺结核防治中的伦理、家庭与身体"，载余新忠、杜丽红主编：《医疗、社会与文化读本》，北京大学出版社，2013年1月，第368—402页。

② 胡宜：《送医下乡：现代中国的疾病政治》，第46—47页。

1938 年由市卫生局成立的清洁总队，负责分区清扫道路、上门免费收取垃圾、清除旧垃圾堆、设置垃圾箱等；另外，还由市健康委员会分别组建了卫生稽查队、灭鼠工程队、粪便管理所、垃圾处理站等相关机构。1939 年，市政府采取官办和民办并行的策略，在市区马路旁新建了一些公厕，为了战时避难的需要，还在一些防空洞设置了不少专用的木质厕所。1943 年以降，行政院要求市区每个保都必须修建厕所，且必须依照行政院颁布的全国公厕标准图修建；与此同时，市政府也曾大力整治市区的排水渠道，并积极地推行饮水消毒等工作。

抗日战争胜利以后，全国的城市卫生状况出现了明显的改善，以上海市为例，由于人口的迅速增加，卫生行政当局也致力于公共厕所的兴建与管理，使得供市民使用的公共厕所增加到 400 余座；由于都市化的进程带动了女性进入社会，于是也应运而生地促成了独立女厕的出现。当时上海的公共厕所有多种类型，既有市办的，也有商办和私人经营的；与此同时，市政当局严格取缔随地便溺的行为，并动员"童子军"分区组织清洁协查队予以监督，收到了较好的效果。[①]

经过诸多艰苦努力，到 20 世纪前半期，"卫生"的理念和部分相关的卫生科学常识，终于在中国一些城市地区的普通民众当中，有了一定的认知和普及。以北平为例，截至

----

① 苏智良、彭善民："公厕变迁与都市文明——以近代上海为例"，《史林》2006 年第 3 期。

晚清以前，一般市民的饮用水均依赖水井，但尤其是所谓"苦井"，因为打井较浅，很容易被污染。1910 年 2 月，新成立的京师自来水公司开始向城内市民供水，大力宣传自来水为"卫生"水，于是，井水便逐渐被视为不干净。但 1925 年发生了严重的自来水污染事件，当时因为河水泛滥，导致自来水里的大肠杆菌超标，这也就意味着存在来自粪便的污染。通过这次事件，细菌学的知识在一般市民中间进一步有所普及，很多民众因此意识到所谓的自来水也不等于就一定是干净水。大约到 1930 年代，中国公众大多逐渐形成了关于饮水卫生的新观念，亦即必须煮开方可饮用。伴随着细菌学知识对公众饮水卫生理念之形成产生的影响[①]，人们对于水井也开始警觉，除了给井水消毒，一些卫生环境可疑的水井多被关闭，通常设置厕所也必须远离水源和水井了。

虽然中国古代士大夫阶层和达官贵人，很早就有了煮茶或沸水泡茶的习惯，但在一般布衣百姓的日常生活中，却是到很晚才有了把水煮开再喝的习惯。除了喝生水、凉水容易患肠胃类疾病的生活经验，更重要的是在民国时期，细菌学说传入中国之后为"喝开水"提供了科学的依据。于是，除了对垃圾和粪便予以管理，不使它污染饮用水源之外，尽量不喝生水、"水不沸不喝"甚至也就成了新生活运动的题中应有之义。大约到 1930 年代后期，上海等城市出现了专门提供热水的"热水店"、"开水铺子"或所谓"老虎灶"，

---

① 杜丽红："近代北京饮水卫生制度与观念嬗变"，《华中师范大学学报》2010 年第 4 期。

越来越多的民众慢慢地养成了喝开水的生活习惯。大概也是从这个时候起，"热水瓶"（保温瓶）作为一种新商品开始流行开来，很多市民直接拎着它去"老虎灶"打开水，从而省去了自己在家生火的麻烦。

第三节　爱国卫生运动："除四害"及"两管五改"

新中国成立以后，中央政府致力于推动的很多旨在提高国民卫生科学素养和保障国民健康的工作，往往都程度不等地和厕所改良有关。1949年，北京成为新中国的首都，遂率先致力于改善卫生环境，清洁水的供应、垃圾和粪便的有效清理等成为重中之重。1950年代初，因为新中国面临美国和蒋介石集团所谓"细菌战"的威胁，政府遂在1952年开展了群众性的反击细菌战运动，在成立于1952年的中央防疫委员会所发出的指示中，包括灭虫、灭蚊、灭蚤、灭鼠，保护水源，加强自来水管理，以及保持室内外卫生及厕所清洁等颇为具体的内容；对于可能出现的传染病患者的排泄物及其遗物，均要求严格地予以消毒和销毁。与此同时，还要求在人民群众中大力普及卫生防疫知识。有数据显示，1952年仅用半年时间，就清理垃圾7400余万担，疏通沟渠28万余公里，新建和改建厕所490万个，改建水井130余万眼，颇为及时地在全国范围内基本控制住了鼠疫等急性传染病的流行。[①] 1952年12月，中央防疫委员会改称"爱国卫生运动

---

① 胡宜：《送医下乡：现代中国的疾病政治》，第110–112页。

委员会"，县级以上的爱国卫生运动委员会设立办公室，以承办具体事宜，爱国卫生运动的活动内容也逐渐被归纳为"除四害"（苍蝇、蚊子、麻雀①和老鼠），讲卫生，提高人民健康水平。

正如"爱国卫生运动"这一标题所显示的那样，当时是把针对疾病，尤其是各种地方病和传染病、流行病的卫生运动，均视为是更大范围的爱国主义的一部分。由于全国各地均成立了"爱国卫生运动委员会"，遂使运动具备了全国统一步调的节奏，并断断续续地得以长期化。②可以说，新中国成立初的爱国卫生运动不仅取得了很大的成绩，重要的是还形成了此后延续多年的一套动员民众参与基层卫生活动的经验与方法。③1956年，毛泽东明确提出要"除四害"，讲卫生，消灭疾病，保护人民健康，人人振奋，移风易俗，改造国家。④在"除四害"运动中，政府倡导爱清洁，讲卫生，很多城市的公共厕所也定期使用生石灰、漂白粉等予以消毒。⑤1960年3月，全国人民代表大会通过了《1956—1967年全国农业发展纲要》，进一步把"除四害"、讲卫生也列入其中。正是在上述运动的过程当中，"清洁"和"讲卫生"

---

① 1960年对"四害"的重新定义是老鼠、臭虫、苍蝇和蚊虫。

② 余新忠："二十世纪中国疫病与公共卫生：鼠疫、天花和艾滋病"，载〔美〕吴章、玛丽·布朗·布洛克编：《中国医疗卫生事业在二十世纪的变迁》，第97–111页。

③ 肖爱树："1949—1959年爱国卫生运动述论"，《当代中国史研究》2003年第10期。

④ 胡宜：《送医下乡：现代中国的疾病政治》，第29页。

⑤ 杨耀健："重庆公厕史话"，《龙门阵》2007年第1期。

便日益成为国家现代卫生科学的核心概念，同时也日益成为民众日常生活中卫生实践的基本手段。[①]

　　虽然在"文革"时期，爱国卫生运动曾一度中断，但其间也还是有很多卫生防疫工作者深入到各地农村的基层，致力于改善乡村的卫生环境。由于当时的很多具体举措每每会聚焦于解决好吃水和粪便管理等问题上面，于是，后来就有了"两管、五改"的归纳，亦即"管水、管粪，改水井、改厕所、改畜圈、改炉灶、改造环境"[②]。1974年3月，卫生部委托安徽省卫生局在界首县举办了北方农村地区"两管五改"的学习班；后来又委托广东省卫生局在电白县举办南方地区的学习班，其目的都是想把"两管、五改"工作在全国推展开来。[③]陕西省岐山县的堰河大队曾经是陕西省的卫生红旗单位，早在1960年代初就实现了《农业发展纲要》中有关卫生的要求，把旱厕改为水厕，粪肥经无害化处理，达到了畜禽有圈、水井有盖；1970年以后，该大队所有的水井均建有井亭，所有的炉灶均改为节柴卫生灶并安装了烟囱，全大队的粪肥集中由专业队管理。由于卫生条件获得较大的改善，村民们的平均寿命由1950年代初的43岁提高到1981年的66岁。1974年10月1日，陕西省爱国卫生运动委员会在岐山县召开了"两管五改"经验交流会；1975年7月，

---

①　胡宜：《送医下乡：现代中国的疾病政治》，第94页。

②　蔡景峰、李庆华、张冰浣主编：《中国医学通史　现代卷》，人民卫生出版社，2000年1月，第46—48页。

③　黄树则、林士笑主编：《当代中国的卫生事业（上）》，中国社会科学出版社，1986年7月，第67页。

又在澄城县举办了"两管五改"的培训班，也都是试图通过对典型经验的大力推广，不断地提升农村爱国卫生运动的水平。

中国政府还从 1950 年代起，就致力于推进有百利而无一害的沼气厕所建设。早在 20 世纪 30 年代，当时的民国政府就曾有意图想大力开发沼气，但其真正的发展还是在新中国成立以后。1957 年，毛泽东到湖北省参观沼气池时曾经指示："一定要大力发展沼气事业"，故在 1960—1970 年代，中国的沼气事业缓慢但持续地得到了发展。1981 年，农业部沼气研究所在联合国开发计划署的支持下得以组建，并出版《中国沼气》杂志。截至 1989 年，仅陕西省就累计建设沼气池达 4 万个，在那些沼气厕所得以普及的村落，露天粪池消失，蚊蝇难以滋生，乡村卫生状况明显地获得改善。2001—2004 年，广西壮族自治区每年在农村建设多达 25 万个沼气池，使农村可以用沼气作为日常生活的能源（烹饪和照明）。根据较为晚近的数据，中国现在约有 1054 万户农民将其厕所与沼气池连接在了一起，从而既减少了化肥的使用量（以沼液、沼渣作为优质肥料），又极大地节省了燃料。沼气厕所的普及不仅改善了乡村的卫生环境，还有助于森林植被和脆弱生态的恢复。

归纳起来，1950—1970 年代的爱国卫生运动，通过"除四害"、治理血吸虫病、"两管、五改"和发展沼气事业等多种方式，确实对各地的厕所改良工作有相当的推动。因为要消灭苍蝇，最好的办法就是强化对厕所及人畜排泄物的管理；要阻断粪—口传播型疾病（如血吸虫病等），避免饮用水的污染，也必须实现对于人畜排泄物的有效管理和严格的隔离①。例如，在血吸虫病等地方性传染病高发流行的地区，粪便管理问题曾引起各级政府的高度重视，当时所采取的具体应对方法，主要包括逐渐废除"私厕"，建立公共厕所，以便对排泄物能够集中处置；以生产队或居民点为单位，建立储粪池等设施；同时也鼓励各地建立利用人畜粪便的沼气厕所；在田间地头或路旁建立的简易厕所必须防止对水源的污染等②。应该说，这些措施对于阻断诸如粪口传播类的疾病，发挥了非常明显的作用。

　　直至最近，中国各地乡村的"改厕"运动，仍然是以爱国卫生运动委员会及其在各地的分支机构为主角，同时也是在此前"两管、五改"工作所形成的延长线上得到进一步推进的。进入 1980 年代，相关的法制建设也逐渐有所推展，例如，1985 年，政府公布了必须强制执行的《生活饮用水卫生标准》；1987 年，国家颁布了《公共场所卫生管理条例》，同年还颁布了粪便无害化处理的卫生标准；1988 年，政府发布的"农村住宅卫生标准"，对于乡村住宅卫生条件的改善，也提出了指导性的意见。从 1993 年起，各地农村的"改厕"工作再次很正式地提上了各级政府的议事日程，全国各地均相继制定出台了相应的鼓励农民"改厕"的政策。1993 年 9 月，全国爱国卫生运动委员会在河南省的濮阳召开了全国农村"改厕"经验交流会，命名和表彰了农村卫生厕所建设先

---

① 高敏、范家伟："血吸虫"，载〔美〕吴章、玛丽·布朗·布洛克编：《中国医疗卫生事业在二十世纪的变迁》，第 112–134 页。
② 蔡景峰、李庆华、张冰浣主编：《中国医学通史　现代卷》，第 46–48 页。

进县 11 个、普及县 55 个。[①]

意味深长而又饶有趣味的是，起源于民国时期的"喝开水"这一在当时算是颇为新潮的时尚，终于在新中国不断推进的爱国卫生运动的进程当中，逐渐发展成为一般中国人均全面接受的"新民俗"，从而成为中国人日常生活的"新常识"（图 11）。早先它主要是在城市里流行，农村因为贫困和缺少能源，喝生水的现象仍旧非常普遍，也就是说，把水烧开再喝的习惯绝不是一下子就能确立起来的。新中国的爱国卫生运动之所以能够把喝开水的习惯推向了全国，乃是由于乡村基层的卫生防疫体系得以建立，而伴随着（细菌学之类）卫生科学知识的缓慢普及，不喝生水喝开水的"信条"才真正地渗透到了广大农村。

图 11　1950 年代鼓励"喝开水"的宣传画

（下面的文字为："喝开水要用自己的茶杯"）

---

① 蔡景峰、李庆华、张冰浣主编：《中国医学通史　现代卷》，第 48 页。

　　1950—1970 年代，"开水房"进一步在全国的城市社区和几乎所有的单位普及开来，很多地方还采取免费供应开水的便民措施，无论是工厂车间、军方的基层连队、学校、机关企事业单位和疾驰的火车，均免费供应开水，显然，免费供应非常有利于"新民俗"的确立。在广大农村，喝开水的习惯逐渐普及开来的事实，可以经由"热水瓶"的普及得到佐证。在 1960—1970 年代，中国城乡青年人结婚时，往往是把热水瓶作为嫁妆或贺礼的一种；生产单位表彰劳模，常见的奖品往往也正是热水瓶；不知不觉，热水瓶成为全国城乡居民家庭里最为寻常和一般的日用品。虽然眼下在一些城市家庭里出现了以电热壶或饮水机取代热水瓶的迹象，但热水瓶的保有量仍是一个天文数字。

　　至于伴随着冰箱的普及，中国民众喝开水的习惯会不会像日本那样被"冷饮"所颠覆，尚有待未来时间的检验。归根到底，"喝开水"民俗在近现代中国的形成和生根，是与细菌学说自海外传入后，人们对于水源可能遭遇污染的恐惧，以及对日常生活中饮水环境之复杂性的深切担忧密切相关的，而在它的形成过程中，国家致力于宣传和普及现代"卫生"理念的努力起到了至关重要的影响。

第三章　文明形态的转换：
外部批评与内部反应

　　以深厚的农耕文明为背景，中国传统的"厕所文化"主要是以广大的乡村社会为"根据地"的，但是，经由近代以来中国的现代化进程，中国社会逐渐地迈向了新的文明形态，亦即工业文明、都市文明乃至于信息社会，也就是说，中国发生了文明形态的转换或更替。自然而然地，此前并不存在或并不那么严重的"厕所"问题，正是在这个文明形态转换的历史进程当中逐渐被凸显了出来，中国也就在所难免地形成了日益深刻和严峻的"厕所问题"。这意味着，中国的"厕所问题"同时也是中国现代化发展总问题的一个不容忽视的组成部分。

第一节　化肥和有机肥的关系

　　1950—1970 年代，"一穷二白"的中国要推动国家工业化的发展战略，特别需要有来自农业和农村的支撑，而农业的发展又离不开那个已经拥有数千年历史的最大限度地利用农家有机肥料的传统，因此，在集体化时期，全国各地均掀起过拾粪积肥的运动，在相当的程度上，这也是与政府极力鼓励的农业生产大跃进的时代背景密切相关的。在一些地方，构成人民公社的基层单位，亦即生产大队或其更基层的小队，每天都要收集各家各户捡拾来的人畜粪便，待过秤计算之后，根据其分量再为各家计入相应的"工分"。这种政策调动了农民们积肥的积极性。① 据说在那个特定的时期，拾粪作为一项政治任务，曾经被拔高到难以想象的程度，于是，在一些地方，因为公共厕所逐渐增加和全民拾粪运动相结合，以至于城乡环境得到了很大的改善。当时，一般的农户除了自家的茅房，往往还在房前屋后设置一个或若干个"沤粪坑"，将日常生活产生的各种各样的垃圾和废弃物，打扫之后倒入其中；有时再拌以人畜的粪尿，经过一段时间的堆沤发酵，然后再送到田间地头作为肥料。集体化时代的农户养猪，除了要完成国家统购统销的任务，增加一点现金收入之外，更为重要的目的其实就是为了尽可能多地积攒一点粪肥。

　　然而，尽管中国人曾经被某些外国人士说成是"全世界最擅长使用自己粪便的民族"②，但其实，广大农村的施肥方法却是颇为单一的，且不尽合乎科学，除了堆肥或水粪，

① 曾雄生："《金汁：中国传统肥料知识与技术实践研究》序"，载杜新豪：《金汁：中国传统肥料知识与技术实践研究（10—19世纪）》。

② 〔英〕罗斯·乔治：《厕所决定健康——粪便、公共卫生与人类世界》（吴文忠、李丹莉译），中信出版社，2009年7月，第91页。

很多地方、很多时候往往就是把人粪尿直接浇在农作物上面。针对这类情形，农业方面的专家往往就需要通过一些涉及人粪尿的肥力和卫生等方面的科普读物予以指导，例如，指出直接浇在庄稼上的粪尿容易导致污染，指出传统的晒制粪干的方法既会导致肥力流失，也容易污染环境，故应该放弃等等[1]。由于广大乡村的厕所卫生条件较差，以及堆肥和水粪业的环境管理存在着很多问题，遂导致乡民的饮用水环境时常面临被污染的现实威胁。因此，政府在农村基层的卫生工作，长期以来，一直都包含有改良厕所的内容，并取得了很多成就。只是在中国社会里，这一类虽然并非什么秘密，却也很少值得张扬的在排泄物管理或厕所改良方面的诸多努力，一般并不是很容易引起"外部"世界的关注。

伴随着当代中国文明形态的转换和社会经济的深入发展，在农耕文明形态下曾经被作为宝贵资源的人畜排泄物，在工业文明或信息社会里，却毫无悬念地变成了彻底的"废物"，但由于技术和社会体系等多方面的原因，截至目前，仍然比较难于做到对它进行彻底的废物利用。1960年代以来，中国的化肥工业迅速崛起，各种形态的化学肥料和农药等其他"农用物资"一起，前所未有地大举进入乡村，不断地弱化着农户对于有机肥的依赖。特别是1980年代以降，进一步的工业化导致化肥的大量生产和大量消费，不可逆转地朝着取代农家有机肥料的方向发展。有人提到中国在1980年

---

[1] 北京农业大学《肥料手册》编写组：《肥料手册》，1979年5月，第29-31页。

代曾经形成了一条新的农谚："不要黄的，不挖黑的，不种绿的，只要白的"，这"黄的"就是指人粪尿；"黑的"主要是指河塘泥，在南方各地，河塘的淤泥曾经是备受重视的有机肥；"绿的"则是指人工种植的绿肥，例如苜蓿等；"白的"便是指各种化肥。① 可以说，这条"新谚语"非常鲜明和形象地反映了化肥对于乡村传统施肥习惯的巨大冲击。化肥不仅价格相对低廉，购买、储藏和运送均较为方便，而且还省工、省力、见效快，同时也比较卫生，因此，随着便利性的化肥逐渐普及开来，传统的农家有机肥料及其相关的习俗便慢慢地趋于衰落。但是，化肥的使用虽然提高了土地的利用率和农作物的产量，同时却也导致了对于土地的过度开发，并产生了新的环境污染，从而引发了全社会的广泛关注。根据詹娜博士在辽宁省东部本溪县山区的调查研究，随着农药、化肥、除草剂等工业产品的大量使用，当地乡村传统的积制农家粪肥以及"送粪"、"扬粪"等农事环节，也事实上逐渐被淘汰，这意味着在农民的生活世界当中，曾经最为重要的牲畜、粪肥、土地、苞米、苞米杆等物态事物的"循环"结构被彻底地摧毁了。② 其中最能够体现农民智慧的农家粪肥的积制技术，是世代积累而形成的，但是，自1970年代以来，化肥及各种农药的引入及使用，导致乡村农家粪肥最先被现代科技所替代。

在中国广大的农村，如果说乡民们几乎无法阻止农药

---

① 游修龄："厕所文明的思考"，2004 年 11 月 23 日，网络电子版。

② 詹娜："断裂与延续：现代化背景下的地方性知识——以辽东沙河沟农耕生产技术变迁为个案"，《文化遗产》2008 年第 2 期。

的泛滥，那么，他们多少还是能够以农家肥料的传统作为依托，对化学肥料的进入半推半就地予以抵触。仅就短期的效果而言，有机肥料可能无法与化肥相竞争，但各地农村大都有一个颇为流行的说法，亦即化肥导致土地的板结，故需用农家有机肥料予以缓解，于是，很多地方就在化肥和农家有机肥料之间形成了相互参合兼用的格局。即便如此，中国农村的化肥施用量仍持续不断地增加，有些数据已经超过日本，说明眼下已经出现了对于化肥过度依赖的状态[①]。与此同时，此前那种在城市和周边农村之间曾经普遍存在的人粪尿市场的供需关系，当然也就难以为继，很快发生了戏剧性的变化。

上海在 1952 年之前，是由环卫工人推着木轮粪车（马桶车），在市区吆喝，并到里弄去收倒马桶；从 1958 年开始，环卫专业的劳动者们为了支援农业生产，还收集那些被倒入阴沟里的人粪尿，以避免有价值的肥料流失，当然这也是为了避免城市环境的污染。由马桶车接收到的粪便，一般是直接推送到码头（图 12），再由停泊在那里的运输船，将粪便作为肥料运送到江浙一带。大概从 1975 年起，上海取消了两轮马桶车，通过在很多街区里弄建立公共厕所，或在已有的小便池旁建造蓄尿池和倒粪口（所谓"小倒口"），这类举措既使市民方便，也使粪尿的收集更加省力。每天凌晨，环卫工人们准点到这里抽取粪便，然后再锁上"小倒口"；"小

---

① 国立研究開発法人　科学技術振興機構　中国総合研究交流センター：『中国の食糧問題と農業革命』、2015 年、第 45 頁。

倒口"的材质，从早期简易的木板，到1981年前后改善为白色瓷砖，再到2000年前后换成了至今仍然存在的不锈钢，可以说越来越清洁、环保和便于打扫。在有的街区，"小倒口"就位于垃圾房的正中间，其左下方安装了机关踏板，便于居民冲洗马桶；使用者脚踩踏板，倒口就会打开，同时还能出水进行清洗。

图12　工人手推木轮粪车上码头卸粪
（图片来源：上海市地方志办公室）

在1980年代以前，收集到的粪尿曾经是根据计划经济的做法，按计划分配给周边的乡村，但很快到1980年代初，慢慢地就出现了"出路难"的问题[①]。原因除了化肥的影响之外，还有农村的经济体制改革使得计划经济的做法难以为继。对于市政环卫部门而言，以前还多少可以从粪尿获得部

---

① 上海市环境卫生管理局："关于城市垃圾、粪便处理规划的初步设想"，《城市环境卫生通讯》1986年第1期。

分收入作为补贴，现在，无人要的粪尿却成了非常棘手的存在。当时有关部门提出的对策是，由环卫部门统一管理的专业清运队伍为主，农民进城淘运为辅，建立不同形式的经济承包责任制，因地制宜地建立一批有一定容量的密闭储存池，就地进行无害化处理；再根据农村实行经济责任制以后农民用肥的特点，主动上门服务，方便农民以增加销售量。与此同时，也积极地汲取国外先进技术，探讨城市粪便浓缩、干燥技术，采用和城市垃圾、粉煤灰等混合高温堆肥的方法制造肥料等。

上海在 1980 年代中期，大概有 3400 多个（服务于马桶习俗的）"倒桶站"、3 万多座化粪池和数以千计的公共厕所。通常的做法是将收集到的粪尿，经由市区码头水运到周边的乡下，或有一部分是由（机械化抽取的）汽车直接送到农村。当时，全市的"马桶户"约拥有 70 多万只马桶，占全市总户数的 43%；使用抽水马桶的户数约 57%。抽水马桶的排泄物当然是直接排入污水管道，经污水厂处理的约占全市总量的 20%，其余 37% 则主要是通过化粪池进行无害化处理的。[①]粪尿"无出路"的压力推动了改革，于是，上海就从把粪尿直接运送到乡下做肥料的唯一处理方式，逐步过渡到将其大部分排入日益普及的下水道，再由城市污水处理厂来处理[②]；为此，环卫部门就必须新建许多化粪池，使秽物经过发酵和

---

① 上海市环境卫生管理局："关于城市垃圾、粪便处理规划的初步设想"，《城市环境卫生通讯》1986 年第 1 期。

② 同上。

沉淀之后，再排入城市污水处理系统[1]。伴随着城市的深度开发，40 年来，上海大约有 100 多万只以上的马桶陆续"退休"，无数市民告别了手拎马桶的生活，也就是说，他们都得以入居配套有抽水马桶的住宅，从而实现了各自的厕所革命。

　　类似的情形，其实也都程度不等地见于全国各地的大中小城市。在北京等地，大约是到 1980 年代初期，化肥就使得郊区农村不再那么需要人粪尿了[2]，因此，城里人的排泄物就必须全部由城市的下水道系统去处理。事实上，现在城市的下水道系统，也早已不再是单纯的粪便，而是同时混合了洗衣粉、机油、肥皂水等很多其他的杂质，因此对于庄稼是有害的。一方面，老城区内大量的胡同厕所或四合院里的厕所，逐渐地不再有人前来淘粪，而一律改为下水系统又工程巨大，难以一步到位；另一方面，广大的农村无法和城市的新区建设一样在下水处理系统方面获得大幅度的进步，因此，厕所和排泄物的处理，就不仅突显出城市内部新老街区之间的差异，同时也作为城乡差别的指标之一，格外地令人感到触目惊心。

　　从 1980 年代中期至 1990 年代中期，全国很多城市，诸如北京、上海、广州、海口等 31 个大中城市，几乎是不约而同地开始建设较大规模的污水处理设施，相继建成数百个

---

[1]　龚金星："公共厕所难题多——京津湘鄂实地访察记"，《人民日报》1982 年 4 月 29 日。

[2]　同上。

污水处理厂。[①] 这意味着中国城市居民粪便的卫生管理和无害化处理，达到了新的高度。这当然不是偶然的，它意味着农耕文明时代围绕着粪肥形成的城乡关系彻底走向了终点。经由城市下水道处理市民的排泄物，无疑是城市文明和卫生的巨大进步。如果不能对城市居民的粪尿进行严格和科学的处置，那么，巨量而又混杂着城市居民排泄物的下水，就很有可能不仅对于城市及其周边更大范围地区的公共环境卫生形成压力，而且，尤其是还会对极其珍贵的水资源形成严重的浪费和污染。现代化的城市生活是以抽水马桶和完善的下水道系统为基本前提的，但由此引发的城市水资源短缺问题，以及水环境污染等新的问题又日益突显出来。

第二节　城市化与公共厕所的"问题化"

和化粪池、下水道、污水处理设施的大规模及体系化建设相比较，公共厕所只能算是较为表层的问题，但是，由于它和市民生活、市容观瞻、城市形象等话题更为直接地密切相关，因此，很容易被误解成为"厕所问题"的全部或其最重要的焦点。实际上，这绝非是只有在现代城市才会出现的问题，对于任何一个人类的居民点而言，只要人口达到一定规模，其排泄物的积累超过了自然所能分解的程度，就会形成环境乃至于社会"问题"。就此而言，类似如今中国城市的公共厕所问题，也曾程度不等地存在于中国古代时期的

---

① 蔡景峰、李庆华、张冰浣主编：《中国医学通史　现代卷》，第29–33页。

都城。

例如，在明清时期的北京，作为帝国都城，人口据说在万历年间约有 80 万，晚清时内外城合计约有 94 万。由于都城聚集了大量人口，难免就会产生巨量的垃圾和排泄物，从而形成严重的环境问题。由于人口众多而公共厕所极少，很多人家甚至没有厕所，于是，大街小巷就经常有人随地便溺，或将马桶里的秽物直接倾倒进街旁的沟渠，导致恶臭盈天。明人谢肇淛《五杂俎》卷二："京师住宅既逼窄无余地，市上又多粪秽，五方之人，繁嚣杂处，又多蝇蚋，每至炎暑，几不聊生，稍霖雨，即有浸灌之患，故疟疾瘟疫，相仍不绝。"清朝时，这种状况仍无改善，缺水且人口众多的北京，粪便问题便泛滥成灾。当时的官方曾致力于厕所收费，却遭到民众抵制。嘉庆时期的《燕京杂记》："京师溷藩，入者必酬以一钱，故道中人率便溺，妇女辈复倾溺器于当衢。"这是把随地便溺的现象归咎于人们不舍得花钱去上厕所。除了公共茅厕之类的设施严重不足，沟渠的淤塞也导致问题进一步恶化。由于很多居民的粪便是直接倒入沟渠的，而无处不在的垃圾也经常被雨水冲入沟渠而导致淤塞，从而使秽物的恶臭更加不堪。

和古代的都城相比较，现代城市由于工业化的进展，导致人口以更加迅猛的速度和规模高度集中，尤其是人口规模在较短时间内就远远超出了前现代传统都市所能容纳的最大限度。的确，当代中国的大中城市很快就达到了超大的规模，远非近代化之前的传统都城所可比拟。人口的高度聚集，自然就需要为数众多的公共厕所布局和更加大规模的上下水基础系统等设施。但长期以来，中国各个地方的市政建设方面曾经欠账较多，留下了许多梗阻，其中公共厕所问题堪称最为难解的一个。这一问题在改革开放以来，伴随着各地都市化进程的顺利拓展，就越发显得突出了。市民人口的剧增导致人粪尿处理日益成为令市政头疼的大问题，再加上中国各个地方的都市社会均面临着独特的"外来流动人口"的压力，从而使得公共厕所问题形成了非常严峻的局面。北京、上海、广州等超大的都会，由于外来人口和流动人口与日俱增，设置有限的公共厕所完全无法满足基本的需求。

大约是从 1980 年代末期起，中国各主要城市的居民由于小区建设而使得住房条件得到较大幅度的改善，水冲式厕所开始进入市民家庭。这原本是一件大好事，但它却导致单位在扩建居民楼时，大量拆除了周边的公共厕所。故有一个时期，在城市公共厕所大幅减少的同时，流动人口却剧烈增长，于是有上厕所难，难于上青天的抱怨。公共厕所短缺成为频繁出现的公共议题。于是第一批收费公共厕所应运而生。与此同时，也由于城市管理水平较为有限，各地公共厕所的卫生状况总是陷入难以描述的状态，其污秽不堪的情形最常成为批评者尖锐指责的焦点。

基于以上论述，我们有理由将中国社会饱受列国人士诟病的"厕所问题"，理解为中国社会在从农耕文明朝向工业文明、从乡土社会朝向都市化社会实现快速转型的过程当中出现和凸显的。如此的"厕所问题"不仅涉及社会"发展"的阶段，具有作为社会经济发展总问题之一环的复杂属性，它同时还涉及中国社会特有的结构，例如，城乡二元结构等更为深层的根源。

在当代中国的大中小城市里，居民们一般需要有三类厕所设施，一是在家庭居室内的卫生间里配备的冲水马桶，二是在学校、机关、企业单位工作时需要使用的"内部厕所"，三是在外出旅游、购物或去公园休闲时往往需要利用到的公共厕所，这三种设施的共同基础是它们都需要有较为完备的下水排放或污物处理系统作为支撑。然而，现实的情形则是，实际使用公共厕所的人们往往较多地是都市社会的那些底层或弱势的人群，例如，胡同里的居民、尚未获得稳定居所的新市民、流动人口和外来务工者等。需要指出的是，媒体和一般公众对于城市公共厕所之恶劣卫生状况的指责，往往是和对于那些公共厕所利用者欠缺"公德"的排泄行为的指责之间存在着重叠的关系，相关的批评相对而言较少指向城市公共厕所的管理缺失。有一种常见的解释说，在社会的过渡转型时期，人们的观念和（排泄）行为，往往滞后于都市社会之文明生活方式的要求。显然，和所谓"私厕"（家厕）相比较，"公厕"问题在中国则是有着更为复杂的内涵①。

当代中国的"厕所问题"确实内涵着多层面的级差状态，它时不时地会以大中城市对于外地人或乡下人（流动人口）的拒斥表现出来。这一点尤其凸显在大量的都市基础设施，甚至包括很多公共服务部门，以及政府机关、企事业单位等的"内部厕所"，总是有意无意地回避面向公众开放的义务。与此同时，厕所还成为中国社会的城乡差距以及城市歧视农

① 仲富兰：《现代民俗流变》，上海三联书店，1990年9月，第201-208页。

村的一个较具典型的侧面。享有城市下水系统的市民们几乎不需要为如何处理自己的排泄物而发愁，但在广大的农村，低标准的旱厕、"堆肥"的习俗，以及冲刷马桶所导致的水环境污染和诸多公共卫生问题，均仍以各种形态现实地存在着，这其间的差距之成为当前中国二元社会结构中经由歧视建构市民优越感的主要路径之一，并不足为奇。然而，更为大声地批评甚或鼓噪中国"厕所问题"的，主要还是列国来华人士以及他们的媒体。在某种意义上，当代中国的"厕所问题"，主要就是由这些来自"外部"世界的批评者们率先提出来的。

第三节　外宾体验的"文化冲击"

随着 1978 年以来的改革开放，中国的国门逐渐打开，海外投资者和观光客也蜂拥而至。这些早已经生活在现代都市之中或工业化社会里的人们，突然来到仍旧是农业国家且处于欠发达状态的中国，他们从发达国家的立场来观察属于第三世界的发展中国家，其在中国遭遇"厕所问题"，对中国的厕所不断地有惊人"发现"，或感到严重不适、不便或无法接受，几乎是毫无悬念，这可以说是标准的"文化冲击"。

1903 年，《德文新报》对于 20 世纪初期中国青岛的描述是："狭窄、肮脏的胡同，充塞着成堆的各种垃圾废物，到处都是带粪便的水洼和积水坑。公共厕所处于难以描述的状态。普通的中国人似乎并不在意随地大小便，即使在公共大街上。"① 时隔七八十年，到了 20 世纪 80—90 年代，西方诸多媒体对于中国厕所的描述仍然大同小异。所谓"一跳"，是指厕所内污水横流，难以下脚；"二叫"是指蛆虫满地，令人惊叫；"三笑"，是指厕所多无隔断，令人尴尬等。客观地讲，对于业已经历过 19 世纪以来"厕所文明"的漫长演化历程的欧美人士的嗅觉而言，中国厕所的"恶臭"无疑会构成强烈的"文化冲击"，也因此，中国的厕所问题就屡屡成为外国记者的写作题材，境外各大主要媒体有关中国厕所的描述及其批评，既有善意的（指出女性厕位不足、厕所无隔断故没有隐私等），也有少数充斥着贬损和歧视的，其中有个别言论甚至和 19 世纪以来西方传教士对于中国之"野蛮"、"肮脏"状态的描述如出一辙，不仅基于同样的逻辑，甚至连口吻都颇为相似。

如果说从 19 世纪后期至 20 世纪前期，中国人遭遇海外诟病和嘲讽的主要有辫子（所谓"猪尾巴"）和缠足，那么 20 世纪后期，主要就是厕所了。因此，这可以说是中国的"百年尴尬"②。但无法辩解的现实状况就是，1987 年在北京市 20 个大型旅游点（区）仅有的 170 座厕所当中，只有 18 座卫生设备较为齐全，勉强可以供"外宾"们使用，其他的就都处于不可描述的状态③。根据娄晓琪的说法，截至 1990 年

① "百年前青岛厕所革命 1905 年冲水马桶出现"，《青岛日报 / 青报网》2016 年 7 月 5 日。

② 周星："百年尴尬：当代中国的厕所革命"，日常と文化研究会：『日常と文化』第 5 号、2018 年 3 月、113–122 页。

③ 朱嘉明：《中国需要厕所革命》，生活・读书・新知三联书店，1988 年 11 月，第 39 页。

代初，尖锐地批评过中国城市厕所问题的国内外新闻机构有几百家之多，报道文章则数以万计。① 1994 年 8 月，国家旅游局曾经对全国"旅游公厕满意率"进行过一次抽样调查，海外游客的满意率仅为 10.4%，不满意率为 49.4%，有很多人甚至表示因为厕所问题再也不想来中国了。无论如何，所有这些批评，都确实无误地指向了中国社会这一连国人自身也难以否认的基本事实：中国的如厕环境非常糟糕，它一直是大多数外国游客的痛苦回忆。

即便有很多批评让中国读者们汗颜，但当时官方的内部《参考消息》依然持续不断地对它们做了尽可能多的翻译和介绍，不仅如此，这些尖刻的批评事实上也确实直接或间接推动了中国国内致力于改良厕所的一些努力。目前所知当时较早的努力，便是在全国所有的旅游景点、旅游线路和旅游宾馆等，逐步地建设一批相对而言较为体面的厕所，例如，在机场、宾馆和景区或景点，分别配置所谓的"星级厕所"。政府有关部门还对这些厕所进行评级，规定了一些评比的硬指标，这些其实就是为了应对境外游客尖锐批评的举措。然而，这些举措，尤其是那些在上海、广州、北京的繁华闹市街头所设立的部分高档的"星级厕所"，并不是很容易就能够获得国内公众的认可。或许是出于厕所观念的落伍，或许是出于对外国人"特权"的不满，长期以来，人们对于"星级厕所"多有讽刺和批评，认为它既不符合国情，也不符合

---

① 娄晓琪："我所亲历的'厕所革命'"，《人民日报（海外版）》，2015 年 8 月 1 日。

国民的生活消费水平^①。

在相对较长的一个时期之内，中国整个旅游系统的导游们的工作重点之一，就是引导"外宾"游客在一个相对封闭的系统之内旅行，从而尽量减少他们接触普通民众所经常使用的那些更为不堪入目的厕所。国家旅游局为此建立了几乎是封闭的半军事化的外宾接待系统，从机场接客，到景点参观，再到宾馆酒店，都致力于尽量不让外宾接触到一般民众所使用的公共厕所，慢慢地在"外宾"较多可能逗留的所有地方，均逐步建设起堪与高规格景点的消费相匹配的"星级厕所"。如此的外宾接待系统，也是无奈之举，因为中国当时急需外宾来访所带来的硬通货，但同时也需要维系起码的体面。在这个过程当中，国家旅游局还曾经提出过"谁受益、谁负责"的意见，亦即要求商场、机场、景点等所有的公共场所，均应将建设附属式厕所作为义务。今天看来，阻隔外宾接触一般厕所的这些早期举措，虽然是基于"面子"的逻辑，有"掩耳盗铃"之嫌，却也有明显的现实合理性，事实上，它们也确实地局部和暂时有效，从而多少缓解了那些尖刻的指责。在本书作者看来，这些举措更为重要的意义在于，它们后来终于发展成为"旅游厕所革命"，进而成为 21 世纪整个中国的厕所革命的重要流脉之一。

部分地缘起于境外游客的抱怨，中国社会开始面临公共厕所这一"问题"。早先是在改革开放、旅游业发展和外国

---

① 周连春：《雪隐寻踪——厕所的历史、经济、风俗》，安徽人民出版社，
2005 年 1 月，第 48-49 页。

人舆论批评等诸多的压力之下，"厕所问题"开始被越来越多的人日益强烈地意识到；随后，便是国内城乡人口流动的增多、各大中小城市日益面临公共厕所的短缺压力，以及城市建设和开发需要不断地刷新市容风貌，因此，公共厕所也就逐渐地演变成为严峻的"国内问题"。和 19 世纪末至 20 世纪初当中国的门户刚刚被打开时，妇女们的"裹脚"习俗曾经面临被"围观"的情形相类似，对于厕所这一痼疾进行革命的动力，也是来自外部因素的刺激，至少在刚开始时是外部刺激相对多于来自内部的自觉。在当代中国，"厕所问题"自然而然地也很快被国内媒体及知识界所"内化"，其最常见的言论是说现存的"厕所问题"委实与中国人经常自诩的"礼仪之邦"格格不入，同时强调这一问题的解决，首先需要改变人们的观念和素质，亦即从国民性的批判做起云云。

第四章　自上而下的努力：
事关"国家形象"的厕所

　　在改革开放之前，厕所问题基本上是属于"内部"问题，但是，改革开放以后，中国社会在面临来自"外部"世界对于中国厕所问题的批评时，也就不得不做出必要和及时的反应，因为中国致力于对外开放和以国际化为指向的发展，自然也就不能不认真地对待那些驻京外国人士和各国游客的意见。不仅如此，由于"厕所问题"还特别地涉及中国政治和知识精英们均较为看重的"国家形象"，因此，很多旨在改善现状的努力，都是自上而下、由国家的各类精英们所主导和着力推动的。由于首当其冲的缘故，来华外宾游客们对于中国厕所问题的抱怨，更加直接地刺激到国家的"面子"和形象，因此，政府就首先是在旅游厕所的改进方面花了很大的气力，例如，建构一个主要是服务于外国游客的"星级厕所"的体系等，但其实，国家形象和厕所问题之间的张力关系，还总是难以回避地存在于当代中国的很多其他场景。

第一节　国家庆典与"公厕革命"的讨论

1990 年前后，借助举办第 11 届亚运会的"东风"，北京市掀起了较大规模的市容整洁行动，增建、改建了不少公共厕所，并开展了颇为有效的整治工作。当时，据说是集中地在各个旅游景点，改建或修建了 1000 多座公共厕所，以应付外宾游客可能的急需。尽管伴随着亚运会的召开，状况有一些改善，但北京厕所问题的基本格局因为积重难返，依然是捉襟见肘。1991 年，美国快餐企业"麦当劳"在北京开业之后，北京的普通市民很快就发现，与其他所有人一起排队点餐和令客人感到新鲜、洁净的公用厕所，正是这些似乎无关紧要的经历，才是"麦当劳"经营方式最有吸引力的地方①。

正是在上述大背景下，从 1980 年代末，中国开始出现有识之士，例如，号称 1980 年代中国"改革四君子"之一的朱嘉明，曾经大力呼吁应该推进一场"厕所革命"（图 13）②。朱嘉明不仅致力于倡导厕所革命，他还积极地付诸运动。1986 年，他联系到美国波士顿的一家生产既能有效处理厕所及厨房废物并制作堆肥，又非常节水的"废物处理系统"（Clivus Multrum）设备③的公司，并在该公司股

---

① 〔美〕杰弗里·M. 皮尔彻（Jeffrey M. Pilcher）：《世界历史上的食物》（张旭鹏译），商务印书馆，2015 年 5 月，第 131 页。

② 朱嘉明编：《中国：需要厕所革命》，上海三联书店，1988 年 11 月，第 1—5 页。

③ A. A. 洛克菲勒："ClIVUS MULTRUM 系统和与之相连的水箱系统及人类废物处理"，载朱嘉明编：《中国：需要厕所革命》，第 7—14 页。

东阿比·洛克菲勒的帮助之下，引进了一套该系统（亦即无水厕所），将它建在北京紫竹院公园之内，作为示范。但遗憾的是，在报刊做过一点报道之后，这座具有先进技术含量的节水厕所仅开放了一段时间，便无限期地关闭了。朱嘉明遭遇的挫折使他意识到，厕所革命在中国并非个人力所能及，他引进的具有先进技术含量的厕所在当时的中国尚不具备推广的条件，于是，他决定自费出版提倡"厕所革命"的著作，以扩大和提升一般民众的厕所认知。今天看来，朱嘉明的努力在当代中国不仅具有先驱性，而且，他对于因为抽水马桶的普及而有可能导致水资源危机的警示，可以说是极具先见之明的。

图 13　较早提倡"厕所革命"的朱嘉明

（1987 年 1 月 6 日在紫竹院公园，身后是他从美国引进的节水厕所。

资料来源：网络）

随后，在1990年代初，中国的公共媒体上首次出现了"公厕革命"的讨论，这大概也是近代以来中国首次公开以厕所为主题的社会文化动向。1994 年 4 月，由记者娄晓琪牵头的首都文明工程课题组[1]，承担了北京市哲学社会科学"八五"重点课题，这同时也是中国首次将厕所问题列为重点的学术研究对象。该课题组连续在《北京日报》发表"北京的公厕亟需一场革命"、"步履艰难的公厕革命"、"公厕革命的出路何在？"等评论，提出要开展全民动员的公厕革命。1994 年 7 月，该课题组制定了《首都城市公厕设计大赛方案》，截至同年 11 月中旬，共收到全国 20 多个省（区、市）和美国、澳大利亚的作品 340 多件；随后还在天安门广场举办了获奖作品展。除了发起和组织城市公厕设计大赛，还推动由 20 家新闻单位合办"首都文明工程基金会"，该基金会的第一项活动就是改造公共厕所，并实际兴建了 38 座"文明"试点公共厕所。[2] 这次"公厕革命"对于当时北京市民的厕所观念形成了一定的冲击，并引起了海外媒体的广泛关注。应该说，厕所革命这一话题的提出，其实也就意味着中国已初步进入到了小康社会，在某种意义上，它同时也是中国社会已经从农业文明进入工业文明，进而再朝向环境文明发展之新时代的标志之一。

1995 年北京举办了联合国第四届世界妇女大会，以及随后的 2008 年北京奥运会和 2010 年上海世博会等等，基于同样的维护和展现国家形象的逻辑，北京市和上海市每逢国家庆典，必然就要屡屡展开旨在提升市民"文明"素质的

---

[1] 当时，笔者也曾一度是该课题组的成员。

[2] 赵大年："文明工程启示录"，《北京日报》1995 年 10 月 14 日。娄晓琪："我所亲历的'厕所革命'"，《人民日报（海外版）》，2015 年 8 月 1 日。

活动。而在这个过程中，厕所问题的改善总是不怎么去大张旗鼓，实际上却是非常重要的项目。不难想象，不只是旅游厕所，整个城市一般的公共厕所问题，事实上每每会成为对于市政当局而言最具有压力的考验[①]。北京市曾经规划在 2008 年奥运会召开之前，必须在"城区"新建、改建二类以上标准的公共厕所 3700 余座，使所占比例达 90%，逐渐取消三类及以下卫生设施不达标的公共厕所；在"近郊"，则努力使得二类以上公共厕所的比例达到 60%；而在"郊区城镇"这一比例也要达到 30%。为此，就需要对"旧城"数十片历史文化保护区的胡同或平房院落的公共厕所进行彻底的改造。考虑到北京缺水的严峻局面，还必须设法建设节水型厕所（包括采用一些新技术的无水冲式厕所），尽量实现排泄物处理的生态化。上海市公共厕所的短缺状况虽然比北京略好一些，但同样存在着数量不够、布局不合理、男女厕位失衡、市民"不文明"用厕行为等诸多问题，为此，上海市曾经提出要建设现代化的公共厕所服务体系，并致力于增加投资和强化管理，以及探索厕所市场化运营的机制。

　　秉持改革开放的思路，中国致力于厕所问题的解决，也逐渐地确定了国际化的标准。2004 年 11 月 17 日，第四届世界厕所峰会在北京举行，这在中国还是首次。这次峰会的主题是"以人为本，改善生活环境，提高生活质量"，与会者

---

① 沈嘉："世界厕所峰会在京开幕　京沪承诺厕所发展规划"，中国新闻网 2004 年 11 月 17 日。单金良、陶颖："北京将每年新建改造 400 座公厕　男女空间 4 比 6"，《法制晚报》2004 年 11 月 17 日。

关心的话题主要涉及改善厕所环境与人类生活质量的关系，厕所与旅游发展、经济、环保的关系以及厕所设计和文化等。紧接着，2005 年，世界公厕论坛暨第一届公厕博览会在上海市举行。所有这些都意味着中国社会在厕所相关的议题上，越来越具有主动性；但同时，它们也都是在北京奥运会召开之前所必须做的"功课"，其目的之一就是最大限度地降低奥运会期间国际宾客对中国厕所的抱怨。

从北京、上海、广州等城市公共厕所革命的实际状况看，均很难一蹴而就，而不得不经历一些过渡的阶段。例如，在一个时期内，城市公共厕所的形态很多样化，高、中、低档均有；再就是通过公共厕所收费，来管理和约束市民如厕行为以及保持厕所卫生。1980 年代中期以降，北京、上海、广州等城市陆续建立了一批收费公共厕所，这些厕所的内部设施比较齐全，设计也比较合理，并配有专职保洁员。随后，收费厕所就在全国很多城市普及开来。虽然采用公共厕所"市场化"的路径，通过收费维持其经营和管理，曾经引起部分市民的不满，但客观上还是较为有效地改进了城市公共厕所的卫生状况。但是，由于各地程度不等地存在"重收费、轻管理"的现象，有关公共厕所经营模式的争论，就逐渐形成了"市场化"还是"公益化"（免费）的焦点。进入 21 世纪之后，从 2003 年起，北京、苏州等城市相继取消了公共厕所的收费，从而使公共厕所成为市政当局有义务提供给市民的公共服务设施的一部分。总体而言，通过上述诸多的努力，中国社会一般公众对于厕所原本就该是肮脏的旧"厕所观"逐渐地发生了改变。

第二节 地方城市的厕所革命

和"国家形象"类似且有关联性的，还有"地方形象"。中国不少地方城市，也相继有过一些具体的厕所改良实践，其中较为著名的有 2000 年桂林市市长李金早在桂林推动的旅游厕所革命①、2003 年南京市市长罗志军在南京倡导的公厕革命，以及 2008 年山西省临汾市建设局局长宿青平推动的临汾公厕革命等等。

2000 年 4 月 3 日，桂林市政府召开厕所建设管理工作会议，李金早以"我们要来一场厕所革命"为题，对桂林市的厕所建设、管理工作进行了动员和部署。作为一个国际旅游城市的市长，李金早同样无法回避来自海内外游客对于其辖区之内厕所卫生状况的持续不断的投诉，也因此，他在桂林发动的"厕所革命"，既把厕所视为桂林市建设高标准的国际旅游城市的"硬实力"，也把厕所的改善视为造福普通民众的基础性民生；再进一步，清洁、卫生、方便的旅游厕所，又可以成为桂林市的"软实力"。2001年，国家旅游局在桂林市召开了"新世纪旅游厕所建设与管理研讨会"，这是中国第一次以厕所为主题的全国性会议，会上发表的《桂林共识》成为中国第一个关于推进"厕所革命"的共同宣言。《桂林共识》的基本内容是：没有旅游厕所管理水平的现代化，就没有真正意义上旅游业的现代化。桂林市旅游厕所革命的具体做法，主要是"政府推动、

----

① 刘霄："旅游'厕所革命'的桂林试验"，《决策》2015 年第 7 期。

以商建厕、以商养厕、以商管厕",采取市场化的运作方式,先后在桂林市城乡建设了849座具有较高标准的旅游厕所,从而使得城区和旅游景点平均每平方公里拥有5.7座旅游厕所,这远远高出了国家标准,极大地改善了桂林市的旅游环境、投资环境和市民生活环境。2000—2015年,桂林市经过持续长达15年的努力,已经基本上实现了旅游厕所的全域景点的完全覆盖,大幅度地改善了海内外游客对于桂林的印象。

桂林作为著名的国际旅游城市,其厕所革命的动力机制,更多地确实是源自各国各地游客的观感和印象及其对于市政当局带来的压力,正是由此产生的强烈的"形象焦虑",推动了大举改善厕所的文明化运动。与此形成鲜明对照的是,在中国内陆的小城市临汾,厕所革命的兴起却多少具有"内发"和内在驱动的属性。众所周知,改革开放以来全国范围的城市化进程,不仅带来了城乡景观的巨变,即便是在内陆深处的临汾市,它也使得城乡居民所面临的公共厕所短缺问题和如厕困苦的局面进一步地凸显出来。好不容易进一趟城的乡村婆婆,发誓"这辈子再不进临汾城"①,这意味着普通民众所遭遇的如厕苦难和羞辱,成为市政当局无法推卸的责任。正是此种"内发"性驱动,促使临汾市官民干群经过多方实践和艰辛努力,终于大幅度地改善了当地民众的如厕环境。临汾市的具体做法,是首先确立了"政府主导,社会参与,统一管理,免费开放"

---

① 宿青平:《大国厕梦》,中国经济出版社,2013年8月,第21–38页。

的模式，从 2008 年起，临汾市连续 5 年在市区新建了 69 座具有较高水准的公共厕所，有效地解决了困扰市民几十年之久的"如厕难"问题[①]。但这些举措在赢得广大市民的普遍赞许的同时，时不时也会有质疑的声音出现，例如，说建设"豪华"公厕是"劳民伤财"。应该说，这些指责事实上反映了长期以来部分民众的厕所观念，尚未适应当前中国社会发生"生活革命"的进程中公共厕所也必须得到提升这一新的时代趋势。

内陆城市临汾大力推动公厕革命的经验，很快就引起了海内外的关注。2010 年国家住房和城乡建设部授予临汾公厕以"中国人居环境范例奖"，首次把公厕建设纳入人居环境的最高奖项。2011 年 10 月 10 日，山西省在临汾市召开城市公厕建设与管理现场会，其公厕革命的影响进一步扩大。2011 年，临汾公厕工程应邀出席第 11 届世界厕所峰会，由世界厕所组织向世界各国推介；2012 年 12 月，该市的"城市公厕项目"获得了联合国第九届改善人居环境"迪拜国际最佳改善居住环境范例奖"；同年，又获得了"全国公共设施艺术化项目范例奖"。如今，特意建在临汾市区最繁华位置的公厕，已经逐渐成为令市民满意并感到自豪的"城市名片"（图 14）；与此同时，临汾市区公厕革命的成功所产生的示范效应，也正在朝周边各区县形成扩散之势。

无论是基于"外来"的挑剔或抱怨所构成的国家或地方

---

① 宿青平：《大国厕梦》，第 9 页。

形象的压力，还是基于"内发"性驱动而需要花大气力去化解普通民众的内急困扰，中国的厕所革命在21世纪初开始全面提速，并逐渐地获得了实质性进展，眼下有很多迹象均表明，中国已经和正在更为彻底、深刻地卷入到厕所文明的全球化进程之中。

图 14　临汾市的第 88 号公厕

（李伟摄）

第三节　"旅游厕所革命"的全国化：国家文明工程

2014 年，曾经在桂林市成功地发动和主持过地方性旅游厕所革命的李金早转任国家旅游局长，2015 年初，履新不久的他便在国家旅游局开始部署进一步推动全国的旅游厕所革命。李金早的署名文章指出：旅游厕所虽小，却是游客对一个国家和民族的第一印象，体现着一个国家和地区的综合实力，也直接关系着旅游产业、旅游事业的进一步发展。①中国旅游事业的掌门人李金早非常了解厕所的脏、乱、差、少、偏，是人民群众和广大游客反映最为强烈的问题，同时它也是中国社会公共服务体系和旅游服务质量最为薄弱的环节。

和改革开放初期抱怨中国厕所的主要是"外宾"有很大的不同，初步实现了小康生活的国内游客呈现出井喷般的增长，从而对各地的旅游景点、景区、旅游线路沿线、交通集散点、旅游餐馆、娱乐场所、休闲步行区等公共空间之公共厕所的数量不足、管理不善、卫生欠佳之类的现状，不仅形成了更大的冲击，而且，"内宾"对于旅游目的地公共厕所的抱怨，其实会给当局带来比"外宾"更为直接的压力，因为这不再是能够只是通过"糊弄"外宾或修建为数有限的"星级厕所"等方式所可以应对的了。除了海外游客的持续抱怨，国内游客的快速增长更令当局备感压力。李金早指出，作为年接待游客超过 37 亿人次的旅游大国，厕所无论如何都不再是一件小事，按国内旅游一趟平均每人上 8 次厕所，所有游客每年在旅游厕所的如厕次数就将超过 270 亿人次。②然而，根据 2013 年世界经济论坛发布的国际旅游竞争力排名，中国的"卫生"指标排名 82 名，厕所等卫生条件排名 99 名，排名靠后的状况说明，中国旅游目的地的厕所状况仍和国际标准有较大差距，这显然和旅游大国的形象不符。

---

① 李金早："旅游要发展，厕所要革命"，中国经济网—《经济日报》2015 年 3 月 19 日。

② 同上。

当代中国的厕所革命

2015 年 4 月 1 日，习近平专门就厕所革命和文明旅游做出了批示，要求从小处着眼，从实处着手，不断提升旅游品质。此前中国社会曾经以多种路径和方式逐步展开的厕所改良实践，其规模和影响均较为有限，但自从 2015 年因为有国家领导人的指示和政府部门的主导，"旅游厕所革命"前所未有地成为国家的文明工程。于是，旅游厕所革命对于促进中国旅游产业大发展和中国全社会进步的重要意义，对于改善民生、带动和提升公共服务体系之整体建设水平的重要意义，对于改善中国的国际形象的重要意义等等，就迅速而又反复地被中国的公共媒体所深度阐释。2015—2017 年，由国家旅游局推动的厕所革命迅速地具备了全国性的规模，在一个较短的时期内，全国各级地方政府均成立了厕所革命领导小组，以整改旅游目的地的厕所环境、提高旅游品质为目标的这一运动，可谓立竿见影。旅游厕所的质量被认为是衡量中国旅游基础设施和服务水平的标准，是提升中国旅游的品质、水准和形象的关键，同时也是反映中国社会文明进步程度的标志，全国上下就此迅速地达成了共识。和中国作为旅游大国的形象极不相称的是，中国尚面临着对于高标准厕所几乎是天文数字的需求。为此，国家旅游局出台了《关于实施全国旅游厕所革命的意见》，修订《旅游厕所质量等级的划分与评定》标准，提出"数量充足、卫生文明（干净无味）、使用免费、管理有效"等具体要求，希望用三年时间，通过政策指导、资金调配和标准规范等多种途径，力争到 2017 年在全国新建厕所 3.3 万座，改扩建厕所 2.4 万座，最终实现旅游景区、旅游线路沿线、交通集散点、旅游餐馆、旅游娱乐场所、休闲步行区的厕所全部达到较高的标准（三星级）。[①] 国家旅游局的此次旅游厕所新政，取消了曾经广遭诟病的四、五星级公共厕所的档次，这可被理解为是适应国内大规模、大流量游客的需求，而不再只是关照外宾的需求。

　　"旅游厕所革命"把厕所状况的改善视为旅游目的地和旅游城市展示其形象的重要指标，同时它也是各级政府及旅游业主管行政部门积极维护海内外游客切身利益的实事。2015 年 7 月 17 日，国家旅游局组织在北京召开了大型企业投身厕所革命的表彰会；2016 年 2 月 15 日，国家旅游局又颁布了《关于表扬 2015 年"厕所革命"先进市的决定》，对青岛市等 101 个先进市（区）推进"厕所革命"的突出成绩予以表扬。很快，这场厕所革命就由旅游景点景区、旅游线路沿途，逐渐地朝向重点旅游城市全域扩展，并经由"全域旅游"概念的中介，进一步向全国基层社会蔓延。原先的重点只是旅游厕所，却在实践中不断扩大了覆盖面，例如，高速公路沿途服务区的公共厕所、大中小城市作为市政基础设施的公共厕所等，[②] 迅速地发展成为自上而下、声势浩大的社会运动。根据《2015—2016 年中国旅游发展分析与预测》（《旅游绿皮书》）提供的数据，2015 年中国入境旅游人数同比增长 4%，专家指出目前各景区开展的"旅游厕所革命"

[①]　钱春弦、沈阳："我国今年将开展旅游厕所革命"，新华网 2015 年 1 月 15 日。

[②]　李金早："将厕所革命推进到全国城乡——在 2016 年全国旅游厕所工作现场会上的讲话"，《中国旅游之声》2016 年 3 月 18 日。

对此功不可没 [①]，但其实，旅游厕所革命最大的受益者，首先应该是国内的广大游客。截至 2017 年 10 月底，国家旅游局推动的"厕所革命"取得重要成果，全国共新建、改建旅游厕所 6.8 万座，超过目标任务的 19.3%，受到广大群众和海内外游客的普遍欢迎。

2017 年 2 月 4 日，全国厕所革命工作现场会在广州举行，这是自 2015 年以来，国家旅游局连续第三年在春节之后的第一个工作日召开全国厕所革命工作会议，旨在持续不松懈地深化厕所革命。在这次现场会上，国家旅游局对 2016 年全国推进厕所革命的先进城市进行了表彰，广西壮族自治区的贵港市、桂林市和玉林市，陕西省的商洛市、渭南市、汉中市、韩城市等地方中小城市，获得"2016 年全国厕所革命先进市"称号，这意味着全国厕所革命的进展正朝向内地和基层进一步深化。在全国各地以景区景点、旅游城市、乡村旅游和旅游沿线为重点的"旅游厕所革命"取得重大进展，旅游厕所设施不断完善，旅游厕所管理不断强化，海内外游客的满意度不断提升，国家和地方城市旅游的形象持续向好的基础之上，这次会议还进一步要求全国的 5A 级旅游景区，都应配备"第三卫生间"，要求 2017 年建成 604 座"第三卫生间"，其中新建 271 座，改扩建 333 座。所谓"第三卫生间"，主要是指不同性别的家庭成员共同外出时，需要相互扶助时可以方便利用的卫生间，显然，这种举措有助于进

---

① 杨月："社科院：入境游人数三年首次回升　厕所革命功不可没"，中国青年网 2016 年 4 月 18 日。

一步提高和完善旅游公共服务设施的人性化水平，反映了"厕所革命"原本就应该内涵其中的人文关怀。

2017 年 5 月 26 日，第四次全国厕所革命推进大会在浙江省义乌市召开，李金早发表了题为"坚持，坚持，再坚持"的讲话，要求会议对三年来全国厕所革命的成效与经验进行系统的总结，并以全域旅游的理念，持续地推动厕所革命深入发展（图 15）。2018 年 2 月 23 日，全国厕所革命工作现场会暨厕所革命培训班在河北省正定召开，会议提出了厕所革命"新三年行动计划"，亦即在 2018 年全国将新建改、扩建 2.4 万座旅游厕所，未来三年要完成 6.4 万座旅游厕所建设的任务，并把它视为推动中国旅游业迈向"优质旅游"的关键。李金早在他题为"牢记使命坚持不懈奋力开创

图 15　2017 年 5 月 26 日，国家旅游局局长李金早在浙江义乌第四次全国厕所革命推进大会上讲话

厕所革命新局面"的讲话中提到，早在 1982 年，习近平就曾在正定大力推动改造农村的"连茅圈"，同时还提出了"旅游兴县"的战略，把正定打造成距离石家庄最近的旅游窗口。这表明旅游厕所革命和农村的改厕工作，其实是有可能相互衔接起来的。会议要求从重点抓景区厕所向抓旅游线路沿线、休闲街区、旅游小镇等其他旅游场所不断延伸，从抓城市旅游厕所向抓乡村旅游点（区）和乡村旅游经营户的厕所持续拓展，从东部向中西部扩展。

2015—2017 年的旅游厕所建设管理三年行动计划获得成功，截至 2017 年年底，全国新建、改扩建旅游厕所 7 万座，超额 22.8% 完成三年新建、改扩建 5.7 万座的原计划；31 个省、区、市和新疆生产建设兵团均提前、超额完成任务。对于 2015—2017 年短短三年之间这场全国规模的厕所革命所取得的成就和进展，有人在评论时总结了以下几点[1]：从零星到遍地开花（全国各地均参与其中），从景区到城乡（扩展到全域），从建设到管理（改变重建设、轻管理的局面，形成了"以商建厕、以商养厕、以商管厕"的新型管理运营模式），从多建到优设（科学设置男女厕位比例、增设第三卫生间，增强了人文关怀），从独奏到合唱（从旅游部门提倡推动发展到全民参与，厕所革命成为全体公民共同的责任，既是厕所建设者、管理者的责任，也是厕所使用者的责任）等等。不仅如此，旅游厕所革命的发展，还逐渐地从关注显

---

[1] 品橙旅游：" 闹了两年'革命'，厕所闹出了什么名堂？"，http://www.pinchain.com/article/107956，2017 年 2 月 9 日。

性问题（厕所的数量、档次、布局、卫生）开始朝向解决隐性问题（诸如文明如厕问题、如厕隐私保护问题、厕所作为公共服务体系建设之一部分的理念和实践等问题）大踏步迈进。对于厕所不达标的景区、景点等实行一票否决的严厉新政，反映了国家旅游局富于主体性精神的自我革命的决断力，由此得以实质性推进的厕所革命为全国带来了新一轮的理念冲击，不言而喻，各地厕所革命的成就也实实在在地提升了普通游客的幸福感。

　　值得一提的是，中国在铁道列车上的"改厕"，在此之前便已经获得了重大的进展。2000 年以前，所谓的绿皮列车基本上是直排式厕所，这意味着旅客的排泄物会直接甩到铁路沿线，被喻为列车"拉肚子"，显然是公共卫生的重大隐患；从 2000 年起，铁道部致力于开发"旅客列车密闭式集便装置"，2006 年青藏铁路开通时，进藏列车率先采用了密闭式集便器厕所；现在的高铁则进一步普及和提升了这一先进设施，将粪便和气味抽吸进车厢底部的"粪箱"，等车到终点时，再由卸污系统予以统一抽送运走。2018 年的"春运"，与往年最大的不同，就是在几乎所有的车站和列车上都大力开展了"厕所革命"，从而极大地提高了普通国民的旅行品质；从普通列车到动车再到高铁，中国铁路系统的"厕所革命"实实在在地提升了为公众所提供的服务的质量。①

　　眼下中国仍在持续推进之中的旅游厕所革命，引起了世

---

① 丁静、邰思聪、马晓冬："'厕所革命'上列车　春运不再忍受'那股味儿'"，新华网，2018 年 2 月 13 日。

界各国媒体的高度关注和正面评价。英国媒体指出，在抽水马桶这方面，中国经历了一场经济、社会、文化和技术的变革，在历史的长河中，这才是真正重要的事情。①日本媒体也认为，除了要在全国各地新设或装修 5.7 万座公共厕所外，中国政府还加紧在农村地区推广抽水马桶，以争取营造"与世界第二经济大国身份相称的厕所环境"②。和 1980—1990 年代有所不同的是，当年曾经作为"参考消息"仅在内部刊出，且主要是由外国游客讲述的中国厕所故事，如今已经成为中国媒体堂堂正正的公共话题，而且，大多都是国内各地的普通游客参与抱怨和提出批评与建议；就连当年的内部刊物《参考消息》，也早于 1985 年就正式在全国公开发行了。据不完全统计，美国、英国、德国和日本等境外媒体对于眼下中国正在进行中的厕所革命，进行了多达超过 16 万条的报道，其中 93% 都是正面评价的报道。③

---

① 帕提·沃德米尔："马桶问题是小事　但中国厕所革命提升形象"（曲雯雯译），《环球时报》2015 年 1 月 7 日。

② 马晓云编译："日媒关注中国'厕所革命'：如厕环境让外国游客很痛苦"，参考消息网，2016 年 4 月 10 日。

③ 邹伟、胡浩、荣启涵："民生小事大情怀——记习近平总书记倡导推进'厕所革命'"，新华网，2017 年 11 月 28 日。

第五章 公共性：
从旅游厕所到城市公共厕所

　　上述的"旅游厕所"主要是指在旅游景点、景区以及旅游路线、旅游设施等处设置的专供游客方便的厕所，它无疑只是公共厕所的一种类型。在中国特定的历史背景下，旅游厕所曾经在一个短暂的时期内主要是为外宾提供服务的，但现在这一概念已经发生很大的变化。在当前中国发展"全域旅游"的背景之下，旅游厕所与城市公共厕所实际上就成为一回事，因为它们都将影响到游客对于旅游目的地城市的印象和体验。本书之所以仍对它们稍做区分，乃是因为分别推动和管理它们的机制多少有所不同，前者是由国家旅游系统在其管辖的景区、景点或设施建设和管理的，它们必须向所有的游客开放，但又多少具有行业系统的"内部"属性；后者一般是由城市的市政部门或环保系统建设和管理的，它们必须面向所有的市民，包括外来人士（无论是来自乡下，还是来自国外）开放。如果说推动前者进步的动力在于"形象"，那么，推动后者改革的动力除了"形象"之外，还有最为基本的"民生"需求。在它们均必须具备公共性这一点，它们都是公共厕所，都是政府应该为国民提供的基本的公共服务设施。

第一节 "民生"需求的公共厕所

中国城市公共厕所之卫生状况的改善是一个颇为漫长的过程。建国初期，各城市的露天便坑基本上被取缔，所建的公共厕所大都是独立式的，但不仅设施简陋，还多为传统的旱厕，冲水厕所极少。它们一般是由市政部门建设和管理的，但通常只是在移除粪便时稍做清扫，故保洁的水准很低。以北京市为例，1950—1960 年代，一些旧称"官茅房"的简陋公共厕所，通常就设在胡同的拐角处或胡同口，故又有"胡同厕所"或"街坊厕所"的叫法，老百姓戏称其为"大众一号"，表示它在日常生活中不可或缺。因此，当年那些背粪工便被戏称为"1 号特种部队"[①]。这些公共厕所一般就只是一排蹲坑，中间多无隔断，附近的居民如厕时，通常彼此之间还会相互打招呼，甚至聊聊天。这种状况曾经被外国人士称之为"你好厕所"（图 16）。虽然这种厕所简陋且卫生不佳，但是因为坑位不够，时不时也还是需要排队，故坑厕又有了"伦敦"（轮蹲）之类的戏称。

---

① 王小平、宗德雯："1 号特种部队"，《北京晚报》1994 年 1 月 30 日。

图 16　北京的"你好厕所"

　　在中国大多数城市里，很多家庭是没有厕所的，这种情况从计划经济时代一直延续了下来。因此，有很多城市居民，往往是以"单位"的公厕为方便处，实际上，甚至人们的住宿也曾经是由单位分配的，所以，住房和厕所几乎就是企事业单位"社会化"所必不可少的标准配置。对于大街上苦于厕所难找的路人而言，直接去某"单位"的办公区或居住区，就相对比较容易找到，然而，单位厕所的"内部"属性往往也会导致对于外来使用者的无情拒绝。那时侯，稍微聪明一些的人大都知道，通常在体育场馆、城市中心广场或公园等经常举办大型集会或人们较多聚集的场所附近，也是相对容易找到公共厕所的。但在特殊的场景下，那里的厕所其实也是人满为患，经常超负荷地勉强维持着。北京最常举办各种集会和大规模的活动，每逢此时，长安街和天安门附近就会临时搭设许多简易的临时厕所，据说那里有些人行道下面，就有专门为此而特别设计的沟槽，而在其上面搭建临时厕所时，下水可以顺着沟槽予以收纳。

　　1980年代初期以降，公共厕所问题开始引起政府的重视，尽管普通民众对厕所的要求并不是很高，但确实是连最起码的需求也满足不了，所以，为了缓解民众的不满，各地城市开始陆续建设一些较为正规的公共厕所。大概是到1980年代末期，有些城市的公共厕所才开始逐渐地改为水冲式，它的典型设计，经常就是用一条可以人力控制冲水或自动定时放水的水槽替代了蹲坑。与此同时，秽物的处理也慢慢地采取了机械抽运，极大地减轻了环卫工人的劳动强度，同时也基本避免了对市民生活的干扰。水冲式厕所的出现，多少改变了厕所里的环境，并使旱厕的比例有所减少，但是，水冲式厕所的管理却经常难以到位，导致很多供市民便后洗手的水龙头或被损坏，或无水流出，处于形同虚设的状态。北京市老城区的四合院，一般是没有私家厕所的，所以很多居民必须使用胡同里的露天公共厕所，截至1984年，这样的露天公共厕所有6815座，差不多近千人共用一座。当年，每天进入王府井大街的约有十多万人，却只有两座公共厕所，其严重短缺的状况非常突出。上海市的情形也差不多，1990年的公共厕所为11057座，形成了数千人使用一座厕所的窘境。①

　　北京是在1980年代初才出现了第一座收费公共厕所，但直到1987年全市也才仅有25座收费公共厕所，公厕所收的费用其实远远不够公厕运营费的支出，而收费管理人员却

---

① 〔韩〕金光彦：《东亚的厕所》（韩在均、金茂韩译），第123页。

经常遭到如厕市民的讽刺和谩骂，这表明一般市民的厕所观念是很难一下子改变的①。1995 年，北京市约有 220 多座由专人负责管理的收费厕所，相对而言，这些厕所的设计规格比较高，保洁设施也比较齐全；由于配备有专职保洁员，故卫生状况也相对良好。

1980 年代中后期以降，伴随着老城区的危旧房改造，很多公共厕所随之消失。如雨后春笋般拔地而起的新建楼房小区，一方面通过室内卫生间里抽水马桶的普及缓解了市民如厕难的困扰，但另一方面，新建小区经常不能按照配套的要求建设公共厕所，例如，在北京的方庄、安外小区、丰台西罗园、英家坟、海淀五棵松等新建小区，或干脆没有公共厕所，或有人特意使之不能或不便使用，类似状况的蔓延，很快就导致形成了全新且严重的社会问题。出现这种状况的直接原因，通常是新建小区的居民们比较一致地反对建设新的公共厕所，虽然厕所是谁也离不了，可它离谁近了也讨厌，这反映了已经不再那么依赖公共厕所的市民们对于"外地人"的拒斥心态。根据北京市政府 1985 年 149 号文件的明确规定，集中开发新建的居民小区，必须配套建设公共卫生（厕所等）和生活服务设施；人口约 5 千人的小区就应该配套建设 30–50 平方米的公共厕所；流动人口较多的地方应该酌情增加公共厕所的数量和面积。从 1993 年 9 月开始实施的《北京市城市市容环境卫生条例》也明确规定，危旧房改造、新建居民区、扩建道路及集贸市场等，都要有配套建设的公共

---

① 宗春启："北京公厕的现状与收费问题"，《北京日报》1987 年 9 月 26 日。

厕所等。但遗憾的是，这些规定由于种种原因经常只是停留在纸面上。

如前所述，以1990年召开亚运会为契机，北京市曾试图一举解决公共厕所这一难题。1984—1989年，北京市相继新建、改建了公共厕所1300多座，改建通下水道的溢流粪井1000个，扩大公共厕所面积1.6万平方米，增加坑位3300个，同时还使得6000多座公共厕所基本上实现了水冲。到1993年年底，北京市约有公共厕所5.7万座，数量上已经颇为可观，但在这些厕所当中，由环卫部门管理和负责清扫的仅有6800多座；其有70%分布在胡同小巷，而仅有不足30%位于大街之上；全北京市主要的街道和繁华区仅有200余座，其中长安街上仅有3座公共厕所。除了数量不足、分布不合理，还有令人担忧的环境卫生问题。当时，中国的厕所共有四类标准：一类、二类要求有独立的便器、洗手池、整容镜、专人管理、全天保洁。但整个北京市的一类公共厕所仅50余座，二类仅70余座。三类、四类一般为沟槽式厕所，有隔挡的为三类，没有隔挡的为四类；其中三类仅有750余座。换言之，北京市90%的公共厕所都极为简陋，属于第四类，甚或没有进入上述分类。没有隔挡的厕所其实就只是一排蹲坑，一般为胡同小巷众多家里没有厕所的市民共用，卫生状况非常糟糕。[①]事实上，不仅在中国，绝大多数发展中国家也均不例外，尤其是在远

---

① "中国'厕所革命'的30年故事"，《人民日报（海外版）》—人民网，2015年8月1日。

离市中心的远郊区或城乡接合部，以迅速都市化为特征的
环境中，因为拥挤不堪和卫生条件的恶化，始终都面临着
因排泄物造成污染，进而引发疫病的危险性①。

1985年12月，中国政府的城乡建设环境保护部城建局
曾经下发了《关于加强城市公厕建设和管理工作的意见》，
要求把城市公厕建设纳入城市规划和基本建设规划，并规定
了各区域厕所建设管理的责任归属，规定城市公厕及附属设
施，任何单位和个人均无权拆除、占用或改变用途。明确
提出了城市公厕发展的目标，亦即到1990年，全国城市基
本解决"上厕难"问题，特大城市和大城市的水冲式公厕达
70%以上，中小城市达40%以上，粪便的机械化抽运率达
80%以上，粪便无害化处理率达40%；到2000年，基本实
现粪便排放管道化和处理无害化。应该说这些目标在有的方
面初步得到实现，但在有些方面，尤其是在"软件"和"细节"
等方面，尚存在很多有待解决的问题。

第二节　值得设计和需要经营的公共厕所

改革开放以来，旅游系统在公共厕所的建设和管理方面
始终走在前列，实际上引领了全国的厕所革命。中国各个
地方由市政或环保部门修建、维持和管理的城市公共厕所，
后来在很多地方都曾经借鉴过旅游部门率先确立的标准和方

---

① 〔美〕詹姆斯·A.特罗斯特（James A. Trostle）：《流行病与文化》（刘新建、
刘新义译），山东画报出版社，2008年5月，第108页。

式。例如，对公共厕所实行收费管理，以厕养厕；建设具有较高（星级）标准的公共厕所，逐渐推动社会公众厕所意识的改变等。正如重庆市"西哈努克茅厕"的例子所显示的那样[1]，高标准且收费对于市民厕所观念的冲击是很大的。有一个时期，部分民众对于建设较高规格的厕所感到不解，对于市政府花巨资兴建公厕的努力，也认为是不抓"大事"，只顾"小事"，尤其对针对"外宾"的高档豪华厕所感到不满等，但诸如此类的偏颇认知，正是在近一二十年中国社会不断改革的进程中逐渐有了一些改变。

和旅游厕所有所不同的是，很多市民日常生活须臾不可或缺的街道或社区公共厕所的状况，长期以来一直不容乐观，其中最根本的原因在于公厕的管理严重滞后。换言之，厕所观念有待改变的，不只是一般的市民公众，其实政府环卫部门作为管理方的观念，也同样需要变革。这方面的改革举措之一，就是对市政环卫部门管理的公共厕所，实行经济承包责任制，把它们承包出去，以便落实管理责任具体到人。

收费公共厕所在全国各地的情形不尽相同。上海市在1970年代仅有部分公厕收费，通常小便是免费的，只有大便才收费。改革开放后到1980年代后期，上海成为海内外游客均心向往之的旅游目的地城市，故为方便游客，上海开始建设一些相对高档的公厕，其管理服务费也就相应提到1元左右，不过，对于老年人，则采取了"尊老服务"，亦即是

---

① 杨耀健："重庆公厕史话"，《龙门阵》2007年第1期。

收费公厕对老年人免费开放。大概到 20 世纪末，上海还开放了投币自控水冲式活动厕所，但到上海世博会前夕，为了向全国各地及世界各国的游客展示上海公厕的崭新面貌，从 2010 年 1 月 1 日起，上海环卫公厕全部实现免费。目前，上海市开放免费的公厕已有 8700 多座，其中环卫公厕 2600 余座，基本上达到了每座公厕的服务半径为 300 米的标准合理布局。此外，自从 2010 年代起，上海市还相继在国内较早尝试推出了无障碍厕所(方便残疾人使用)、"第三卫生间"(已有数百座公厕配备)、无性别公厕（缓解公厕男女厕位比失衡问题）等，在城市公共厕所的卫生管理和服务创新等方面，一直在国内处于领先地位。

进入 21 世纪，北京、广州等大中城市的公共厕所状况有明显的改进。除了水冲式公共厕所日渐普及，在独立式公共厕所的建筑设计上也有了极大的改观，它们往往被设计成颇具个性和品位的建筑小品，从而与公园、街区、广场等周边的城市环境相协调（图 17）。尤其是近年来，在国家领导人的倡导下，人们越来越重视把公共厕所作为重要的公共服务设施来设计，反映了相关观念的戏剧性变革（图 18）。长期以来，厕所建筑及其设计，一直遭遇有意无意的忽视，但在新的时代背景下，厕所作为城市公共设施的重要性不断被全社会所认知，与之相关，公共厕所及其设计在都市规划和建设中的权重，也有了明显的增加。与此同时，一大批附建式公厕（亦即在商场、宾馆和公共设施的建筑物之内附设的厕所）也逐渐面向市民开放。除此之外，为了应对城市经常举办大型公共活动（文化娱乐、体育赛事、集会等）的需求，市政部门还投入了大批移动式公厕，以解燃眉之急。基于灵活的经营策略，有一些此前由环卫部门投资、管理和经营的公共厕所，也开始通过招标、拍卖经营权等方式，转而由个人或民营企业去经营，从而提升了公共厕所的卫生和服务水准。

图 17 宁波儿童公园门口的"五星级"公共厕所

图 18 南京艺术学院 2018 年度硕士生团队毕业设计展，
有公共厕所、简易厕所、移动厕所等

（朱翊叶摄）

第五章　公共性：从旅游厕所到城市公共厕所

　　2000 年以降，中国一些地方城市相继提出和开始推动公共厕所的革命。南京市的公厕革命，是由市容局成立公共厕所建设领导小组，举办公厕设计大奖赛，新建公厕则采用统一设计。通过多种努力，该市由环卫部门管理的一类、二类公厕达 475 座，二类以上公厕所占比例从 2002 年的 39% 提升到 2006 年的 62%。为了缓解公共厕所分布的不均衡所造成的市民"如厕难"，政府还敦促繁华街区的大中型营业场所，依照有关要求开放内部厕所，并设置指示标牌，以方便行人和顾客。在山西省的临汾市，其公厕革命的经验主要是确立打造"方便之城"的民生目标，"显著位置建公厕，见缝插针建公厕"①，覆盖全市的 60 多座高标准星级公厕，甚至可以成为市民的公共休闲场所，从而改变了在其他城市普遍存在的拒斥公厕的"邻避"现象。当地政府还出台了《城市标准化公厕管理制度》，由公共卫生管理中心派遣的保洁员，入住公厕管公厕，全天值守；同时坚持公厕的公益化原则，由政府和社会共同参与公厕建设，但免费向公众开放。这些努力使得临汾成为山西省第一个实现公厕免费的城市。从 2009 年起，临汾市建设局又向全市 17 个县市推广"公厕工程"，目前各县市已新建标准化公厕 100 多座（图 19）。无论是沿海的国际大都会上海，还是内陆的地方性城市临汾，公厕建设和管理均迈向免费，这在一定意义上，可以证明公厕在中国的"公共性"，确实是逐渐从社会实践中得以实现的。

---

① 宿青平：《大国厕梦》，第 66 页。

图 19　临汾公厕分布图：临汾市内的厕所革命向周边区县扩散
（李伟摄）

　　虽然有以上诸多的进步，但公共厕所的发展一直赶不上城市人口剧增所导致的对于它的刚性需求，可以说中国的城市公共厕所一直没能完全满足普通民众对卫生环境不断提高的要求。长期以来，公共厕所始终是中国城市基础设施建设和管理的短板。公共厕所通常较难纳入城市规划，或即便被纳入其中，也经常会被弱化和边缘化。城市公共厕所的选址，非常普遍地遭遇到周边居民的抵制；由于公共厕所设施的科技水平不高，卫生状况也一直难以彻底改观；同时由于水资源的短缺，很多公共厕所的冲水程度难以令人满意。以北京市为例，全市各单位约有 5 万多个"内部"厕所，基本上不对外部开放或者只是偶尔开放。

　　虽然承包管理及收费等举措，确实有助于公厕的管理水平的提高，与此相应，公厕的环境卫生也有较大改善，但民众出于对收费的不满，时不时就会将这类不满转换为对于厕所保洁员或厕所承包方的歧视和嘲讽。事实上，环卫部门招工难、保洁员队伍不稳定，一直是一个"老大难"问题，归根到底，它还是与一般市民对于厕所事务以及和厕所相关的所有人和事的顽固偏见有着密不可分的关系。和早先的淘粪工、背粪工曾备受歧视一样，如今的公厕保洁员仍然时不时地会遭遇到歧视。这除了在中国现存的二元社会结构下，从业的保洁员或厕所承包人大多为外地人或乡下人之外，和很多其他社会一样，中国社会也同样根深蒂固地存在着对于和所谓"不洁"之物打交道之职业和从业者予以某种歧视的现象。例如，武汉市 2018 年度事业单位公开招聘岗位一览表中，有"公厕管理员"，从事全区公厕的维护管理等相关工作，故要求最低学历为"本科"，但某位教授却因此感慨，大学生以后如不好好学习，考上研究生，就有可能只得去扫厕所，其实，这样的逻辑是和"文革"时期，特意让某些知识分子去打扫厕所以为羞辱的做法，完全是如出一辙的。显然，厕所文化不仅会体现在设施硬件、科技含量和管理措施等方面，它其实还深刻地涉及人们内心深处对厕所和排泄行为的看法，其中包括能否真正地对相关从业者平等以待。

第三节　公共性、私密性和"文明如厕"

各大中小城市的公共厕所最受公众诟病的是卫生状况，但公众自身也经常被批评说文明如厕的意识有待提升。如厕不文明不仅成为中国公民出境旅游时饱受诟病的"罪状"，同时也被认为是公共厕所问题的顽疾。导致公众不能文明如厕和公共厕所脏乱差的原因众说纷纭，中国人类学家费孝通曾在 1947 年出版的《乡土中国》一书中，于那篇著名的短文"差序格局"里，提及与排泄物的处理有关的社会公共道德问题，亦即中国人与此问题相关的"公""私"观念问题，他指出："苏州人家后门常通一条河，听来是最美丽也没有了，文人笔墨里是中国的威尼斯，可是我想天下没有比苏州城里的水道更脏的了。什么东西都可以向这种出路本来不太畅通的小河沟里一倒，有不少人家根本就不必有厕所。明知人家在这河里洗衣洗菜，毫不觉得有什么需要自制的地方。为什么呢？——这种小河是公家的。"[①]费孝通用他观察到的这个例子，解释了中国城乡普遍存在的"差序格局"，以及身处其中的人们的行为，为何会是"各人自扫门前雪，莫管他人瓦上霜"。

诚如香港社会学家金耀基指出的那样，导致民众有私无公或有家无国之类观念的原因之一，在于公和君、官等概念的混一[②]。换言之，汉语的"公"与现代社会来自西方的"公共领域"之类的理念颇有不同，一说到"公"，就不包括个人的权利、责任和道义在内，似乎就与自己没有多大的关系。因此，城市小区的居民们对于自己可能较少使用的公共厕所在本小区的存在，就较多地秉持拒绝的态度；而抱怨公共厕所卫生糟糕的人士，往往也不能保证自身做到文明如厕，或只是为了一己洁净而过度浪费地使用厕纸。其实，各机关单

---

① 　费孝通：《乡土中国》，第 21 页。
② 　金耀基："中国人的'公''私'观念"，载乔健、潘乃谷主编：《中国人的观念与行为》，天津人民出版社，1995 年 10 月，第 40—50 页。

位"内部"厕所不情愿对外开放，大约也是基于同一个逻辑。

不难理解的是，由于"陌生人"这一因素，几乎所有的人对于公共厕所，都是比对于家里的厕所常常会有更多的消极情绪；而公共厕所似乎原本就该是脏、乱、差和与己无关的认知，又非常容易导致其卫生状况跌入所谓的"破窗效应"的境地。所谓"破窗"，就是指跌破到某种底线以下。无论是多么具有公德心或人品高尚、讲究卫生的如厕人士，他或她也无法维护或改变已经陷入某种底线以下的卫生状况，而且在这种状态下，他或她的文明如厕不仅不可能，也没有意义。诸如"便后不冲水"或"蹲在坐便器上"之类弄脏厕所的如厕习惯，也未必与个人的教育程度和公德心相关，因为如厕者这么做大都是为了自己的"洁净"，由于无法确认此前使用过公共厕所的人，故人们总是倾向于避免和陌生人"肮脏"的身体发生间接性的接触。这也正是为何在中国各地的公共厕所里，蹲坑式反倒有可能比抽水马桶更受欢迎，也（被认为）更加"洁净"的根据。

显而易见，现代城市里的公共厕所需要有"公共性"的理念予以支撑。公共厕所之"公共性"的真正确立，同时也需要中国社会在"公共空间"、"公共设施"、"公共服务"、"公共卫生"等诸多涉及最为根本的公众利益的"公共领域"发生重大的变革，从而超越传统的公、私观念的局限性。在公共厕所之公共性的理念[①]之下，"内部"

---

① 　程守艳："对公共性的考量：'免费厕所'的政治学思考"，《法制与社会》2011 年第 3 期。

厕所的不开放就不再具有合理性；而市政和环卫部门天经地义地就应该把公共厕所作为其基本的公共服务事业做好，而不是简单地敷衍；不只是一般的游客之于旅游厕所，所有的市民公众当然也都应该遵守公共厕所这一公共设施和公共空间的基本行为规范。眼下，首先急需做的是全面地提升公共厕所作为城市公共服务设施的规格，不断地发展它作为市民生活不可或缺之公共空间的属性，同时通过严格和规范的管理把公共厕所的卫生维持在某种"破窗"状态的底线以上，进而敦促和引导所有如厕者的如厕行为均不得降低至此底线以下。

在将公共厕所视为城市的公共服务设施之一，进而将其打造成为市民不再是以"厌恶"的心态，而是以随和、方便和亲近的姿态能够去分享的"公共空间"等方面，中国当下的厕所革命已经做出了不少有益的探索。2015年11月19日（这一天是国际"厕所日"），在北京市房山区政府前的广场上，一个号称"第五空间"的新型公厕样板率先投入了使用。这是一栋蓝色的新建筑，外墙上除了"公厕"，还有ATM、无线局域网和电动汽车充电桩等多个图标，与之配套的甚至还有公用电话和饮料瓶智能回收机等，所有这些均意味着，它其实已经是一个综合性的公共服务设施。建筑物的窗户边有一部自助缴费机，可供市民们自助缴纳水暖、电费、电话费、燃气费和有线电视等费用。如厕者进入单独的厕位隔间时，墙壁上有平板显示器，循环播放有关环保的宣传片；洁白的马桶有前后两部分，中间有一隔断；墙上的绿光电动按钮，分别写着"大"、"小"二字。公共厕所原先的化粪池被拆

112

除，取而代之的是在 40 平方米左右的设备间，配置了一套先进的循环处理设备，按动不同按钮，即可以选择单冲尿液或单冲粪便，尿液与粪便因此被分类回收，并将分别作为尿素和有机肥料得到再利用。除了男女的厕位，还增设了"第三卫生间"，其中高度不等的大小马桶，是分别为残障人士、老人及母婴如厕而特别设计的，此外，还有婴儿安全座椅及为婴儿更换尿布时所用的台面。北京市政当局把这类作为综合性公共服务设施的公共厕所称之为"第五空间"的理由，是因为它为市民提供了继"家庭空间"、"工作空间"、"社交空间"、"虚拟空间"之后又一个舒心、便利的公共空间。据说北京市到 2016 年年底，将陆续有 1000 个这样的"第五空间"提供给市民。应该说，这类设施如果在管理者和使用者的共同努力之下，始终保持不使其中公厕卫生的状况跌落至"破窗"或底线以下，北京市的公厕问题就可望得到真正的解决。

在强调公共厕所作为公共空间之公共性的同时，还有必要同时意识到它的"私密性"，公共厕所具有公共性和私密性相并重的双重属性[①]，它是需要切实保障如厕者之私密性需求的公共空间。以往，中国城乡的"你好"式无隔断厕所，因为没有顾及如厕者的私密性需求而屡遭批评。如今情形虽然有了一定的改善，但厕所无隔断、无门或隐私保护不够等问题，仍旧是经常被日、韩、港、台一些"有

---

① 倪玉湛："公共厕所双重属性的演变及其重要性浅析"，《山西建筑》2005
年第 1 期。

心人士"在公共媒体上拿来说"事儿"，以嘲讽大陆人的通用话题，事实上已成为建构、维系和支持其某种"优越感"的地域歧视的依据。厕所革命中诸如上述"第五空间"那样的设计，可以说很好地兼顾到公共性和私密性这样两个基本的方面，应该就是今后发展的方向。排泄行为需要有私密性的保护，这是深植于人性心理层面的需求，尤其是在现代文明的进程当中，工业化、都市化和信息化社会里的人们已经养成了远离他人视线"方便"的习惯。如厕行为的私密性需求，连同可以冲走排泄物的技术体系，促使现代社会的人们把自己身体的自然排泄功能理解为是能够且应该隐蔽和彻底遮掩的行为。这种认知的一般化，其实是由于人口的增长和与之伴随的社会变迁引起的。[①]当"拉撒"行为成为看不见、闻不着甚至听不到的私密性活动时，现代人似乎才感受到幸福和日常生活的品质，因此，政府向市民提供可以充分保护私密性排泄行为的公共空间，就是最大限度地造福一般的人民。

在导致城市公厕管理不善的诸多原因中，还有一条就是执法不严，或相关法律法规并不具有可操作性。目前，中国各大中城市均制定了相应的地方行政法规，例如，2012年北京市出台了《北京市主要行业公厕管理服务工作标准》，对卫生要求极高，要求其厕所内的苍蝇数不得超过2只，但却遭到公众批评；2013年9月1日，《深圳市公共厕所管理办

---

① 〔英〕罗斯·乔治：《厕所决定健康——粪便、公共卫生与人类世界》（吴文忠、李丹莉译），第111—112页。

法》正式付诸实施，但其中规定，有"在便器外便溺行为"的，将处罚 100 元人民币，也引起了舆论的广泛关注，这是因为这条被网友戏称为"尿歪罚款"，因较难落实、取证而受到公众的奚落。但或许应该说，公众对于相关法规的吹毛求疵，其实也反映了人们对于私密排泄空间的"管理"所潜在持有的戒备性心理。

第六章　广大乡村的改厕实践

　　北京市在厕所革命中推出的"第五空间"，似乎让我们看到了中国的厕所问题最终将得到解决的曙光，但其实更为严峻的现实问题还是在广大农村。眼下，越来越多的游客开始热衷于"乡村旅游"，但乡村的景区、景点与旅途路边的公共厕所，一直以来都是一个很难彻底改观的困扰性问题。事实上，不仅乡村的旅游景区、景点需要厕所革命，中国面临的更大挑战还是高达2亿多农户家庭的厕所卫生问题。对于已经成为世界第二经济大国的中国而言，旅游景点、景区的旅游厕所和城市街区的公共厕所固然非常重要，但在广大农村推广卫生厕所则更为重要。由于厕所问题较难被一般乡民们所觉悟，通常也是相对较难成为政府的议事日程，甚至常羞于提上台面等特殊性的原因，农村的厕所问题要比城市更为复杂和困难。换言之，中国厕所革命的最终成功，实际上将取决于农村厕所问题的彻底解决，否则，它终究会是功败垂成。

第一节 乡村实现"小康"的底线

20 世纪 60—70 年代，在中国城乡广泛开展的爱国卫生运动中，广大乡村以"两管、五改"为核心，大力推进乡村卫生事业，取得了很大的成就。以此为基础，1990 年代以降，中国乡村的"改厕"工作呈现出加速的态势，究其原因，主要是由于乡村在实现了初步温饱之后，正朝向"小康"社会进一步发展，故使得厕所问题成为必须提升的底线而凸显了出来。"小康不小康，厕所算一桩"，数十年来的农村发展虽然取得了巨大的成就，但"改厕"却是进一步提升全面建成小康社会之底线的重要举措。1992 年，国务院下达了《九十年代中国儿童发展规划纲要》，将普遍提高"卫生厕所普及率"，列为"儿童生存、保护和发展的主要目标"。大概也是在 1990 年代初期，农村厕所的状况和相关的卫生问题，第一次获得了全国性的数据。根据 1993 年实施的一项大型抽样问卷调查（涉及全国 29 个省、区、市 470 个县的 78 万农户，约近 340 万人）所获资料，1990 年代初，中国农村的"有厕率"为 85.9%，卫生厕所的普及率为 7.5%，粪便的无害化处理率为 13.5%；在得到调查的 6511 座农村公共厕所中，其卫生合格率仅为 9.6%。[①] 应该说从数据看来，是很不乐观的，它意味着中国当时尚有 1.2 亿农村人口处于无厕可用的状态。

[①] 潘顺昌、徐桂华、吴玉珍、李建华、颜维安、王光杏、孙凤英执笔："全国农村厕所及粪便处理背景调查和今后对策研究"，《卫生研究》第 24 卷增刊，1995 年 11 月。

1997 年，中共中央、国务院又颁布了《关于卫生改革与发展的决定》，将农村的"改厕"工作也纳入其中，于是，伴随着各地基层的"卫生乡镇"及"卫生县城"等的创建工作，广大农村也逐渐掀起了厕所革命，并以地方政府有计划的强力推动为其突出的特点。2002 年，中共中央和国务院颁布了《关于进一步加强农村卫生工作的决定》，要求在农村继续以改水、改厕为重点，整治环境卫生，预防和减少疾病的发生，促进文明村镇建设。政府的基本思路是，通过推进利国利民的农村改厕工作，由国家统筹农村公共卫生事业，逐步实现公共卫生服务的均等化。具体而言，就是通过在农村普及具有收集、储存和处理粪便之功能的卫生厕所，改善乡村的卫生环境，提高农民的生活品质，提高乡村防疫和农民健康水平，同时也促使有效的能源开发，推动生态农业发展。2009 年，政府将农村改厕纳入深化"医改"的重大公共卫生服务项目；2010 年，国家启动了以农村改厕为重点的"全国城乡环境卫生整洁行动"，促使农村地区卫生厕所的普及率迅速提升。2004—2013 年，中央政府累计投入 82.7 亿元以改造农村厕所，实际改造了 2103 万户农家的厕所；截至 2013 年年底，官方公布的农村卫生厕所普及率已从 1993 年的 7.5%提高到 74.1%，"改厕"进展的数据颇为喜人，在一定程度上，多少改变了中国农村过去普遍脏乱差的如厕环境。

根据《全国城乡环境卫生整洁行动方案（2015—2020 年）》所确定的目标，农村卫生厕所的普及率在 2015 年应该达到75%，2020 年达到 85%。眼下农村改厕工作进一步加速，农村卫生厕所的普及率到 2016 年已经达到 80.4%，从而使农村的环境卫生面貌明显得到改善。全国爱国卫生运动委员会于2014年10月17日，在河北省正定县召开了全国农村改厕工作现场推进会，会议将农村改厕视为全面建成小康社会的必然要求，也是提高人民健康水平的重要手段，要求把农村改厕这一得民心、顺民意、惠民生的重大民生工程做好，确保达成2020年的既定目标。随后，全国爱国卫生运动委员会又于2014年11月5日，向全国各地各级爱卫会发出了"关于进一步推进农村改厕工作的通知"。

2014年12月，习近平在江苏省调研时表示，解决好厕所问题，在新农村建设中具有标志性意义，要因地制宜做好厕所下水道管网建设和农村污水处理，不断提高农民生活质量。2015年7月16日，习近平在吉林省延边朝鲜族州和龙市东城镇光东村调研时进一步指出，随着农业现代化步伐加快，新农村建设也要不断推进，要来场厕所革命，让农村群众用上卫生的厕所。习近平上述指示的意义，涉及中国厕所革命最为根本的层面，亦即广大农村的厕所改良工作。农村厕所的改善事关亿万农村家庭生活质量的提高，显然具有"小厕所，大民生"的效益。2016年8月，习近平在全国卫生与健康大会上，充分肯定了"厕所革命"的意义和成果，提出要持续开展城乡环境卫生整洁行动，再次强调要在农村来一场"厕所革命"。2017年11月20日，习近平主持召开十九届中央全面深化改革领导小组第一次会议，审议通过了《农村人居环境整治三年行动方案》，其中一项主要任务即继续推进农村改厕。习近平就此发表了重要讲话，指出"厕所问题不是小事情，是城乡文明建设的重要方面，不但景区、城

119

市要抓，农村也要抓，要把它作为乡村振兴战略的一项具体
工作来推进，努力补齐这块影响群众生活品质的短板"①。
在不久前闭幕的中共十九大的报告中，习近平提出了当前中
国社会的主要矛盾已经是人民日益增长的美好生活需要和不
平衡、不充分发展之间的矛盾这一重大判断，他对"厕所革命"
如此重视，也显示是将"厕所革命"视为满足人民对美好生
活的需要、提升人民美好生活幸福指数的务实之举。

中国各主要媒体对于领导人讲话的解读，主要是说农村
改厕关系到农民生活品质的提高，解决6亿多农民的厕所问
题，其健康效益、经济效益、环境效益和社会效益均将逐渐
显现，从而极大提升中国人民的幸福感。提到中国当前的城
乡差距，有人指出厕所其实就是最大的差距之一，因此，农
村需要厕所革命，需要通过厕所革命，进一步缩小城乡之间
的差距。近些年来，各地农村的改厕工作（推广沼气厕所、
改旱厕为抽水马桶等）时有进展的报道，每每见诸媒体，有
些地方甚至只是因为改厕就使得以往较多发生的消化系统疾
病大幅度减少，基本上都是对这一大趋势的如实反映。

第二节　地方政府的实践与努力

江苏省的农村改厕工作被认为在全国较为具有典型性。
省政府相继出台了《江苏省爱国卫生条例》《江苏省农村改

---

① 邹伟、胡浩、荣启涵："民生小事大情怀——记习近平总书记倡导推进'厕
　所革命'"，新华网2017年11月28日。

厕工作管理办法》等地方性法规，为改厕工作提供了有利的政策环境。2005 年之前，主要是试点，亦即通过建设"改厕普及村"作为典型，再以点带面，全面推进。一般来说，农村的改厕往往需要经历"粪便管理"、"卫生改厕"、"无害化改厕"等几个递进的阶段，江苏省也不例外。2006—2013 年，江苏省逐年加大了改厕资金的投入，累计达 56 亿元，并制定了《江苏省农村卫生改厕专项资金管理办法》，以确保专款专用。截至 2013 年年底，全省累计改建农户卫生厕所 822 万座，使卫生厕所的普及率从 56% 提高到 94%，其中无害化卫生厕所的普及率达 82%。江苏省改厕成功的收获之一，便是使江苏农村的寄生虫病感染率和肠道类传染病的发病率，自 2006 年以来，分别下降了 51.8% 和 36.7%。2014 年，该省又有 60 万座改厕任务被分解到全省 60 个县市（区）的 551 个镇、2070 个村，要求明确责任到村、到人，以确保按时完成。

江苏省的改厕工作主要是由卫生计生部门以及爱国卫生运动委员会办公室强力主导，再由农林部门负责沼气池的建设，由住建部门负责农村新（翻）建住房的无害化厕所配套等。最为通常的做法是，在村里先做好几家改厕示范户，组织群众去观摩，激发农户改厕的动机，同时也编印技术手册予以免费发放，大力培训改厕技术人员等。除了三格式、双瓮漏斗式、沼气式等粪尿处理模式之外，在条件具备的地方，则推广污水的相对集中处理。例如，在苏南一些人口相对密集的村庄，建设相对集中的小型生活污水处理设施；一些重点的集镇，则在乡镇卫生院及公路沿线加油站等处，建设无害化公共厕所等。

国家对于农村家庭卫生厕所的定义是，有墙壁、屋顶和门窗，面积不低于 2 平方米，既可以是抽水厕所，也可以是旱厕，但必须设置地下沼气池，以便对粪便做无害化处理（图20）。全国各省、市、自治区均被要求彻底改造农村的未达标厕所，在这个过程当中，各地分别发展出了各有特色的沼气厕所式样，例如，山东的"三通沼气式"、河南的"双瓮漏斗式"（图21）、辽宁的"四位一体六栅式"、宁夏的"双高式"、江苏的"三格式"等。这些样式大同小异，均以对排泄物的就地无害化处理为基本功能。由于中央和地方政府的强力主导和资金投入，举凡同意新建或改建卫生厕所的农户，均可得到一定的现金资助和技术指导，所以，农村改厕工作的进展还算是较为顺利的。各地农村改厕在具体的推展

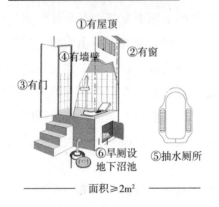

图20 农村家庭"卫生"厕所标准图示

（来源：央视新闻评论）

过程中，还往往和美丽乡村建设、村庄环境整治、城乡环境卫生等活动相互配合，从而发挥了"小厕所、大民生"的效用[1]，不仅促使农村的环境生态大幅度得到改善，还有效地提升了乡村治理的水平，尽可能地避免了"后现代乡愁"遭遇"前现代厕所"时的尴尬。

图 21　双瓮漏斗式卫生厕所的示意图及商业广告
（资料来源：互联网）

在山东省、河南省、河北省等很多北方省区，类似的改厕实践，同样深刻地改变着普通乡村的基本面貌。2014 年年底，山东农村的无害化卫生厕所普及率为 56.41%，仍有超

---

[1] 张芽芽、魏飚："中国聚焦：中国兴起'厕所革命' 破解乡村治理难题"，新华网 2015 年 2 月 9 日。

过 685 万农户使用旱厕。为尽快改变这种状况，2015 年 11 月，山东省委和省政府推出了《关于深入推进农村改厕工作的实施意见》，按照政府补助引导（省财政为每户补贴 300 元改厕经费）、集体和社会资助，以及群众自筹相结合的方式，计划在 2016—2018 年间，每年改造 200 万户。到 2018 年年底，全省将完成约 647.3 万农户的无害化卫生厕所的改造任务，基本实现无害化卫生厕所在农村的全覆盖。^① 目前，住建部已经将山东省列为全国农村生活污水治理和无害化卫生厕所改造试点省，农业发展银行 2016—2020 年将在山东省投放贷款总额不低于 200 亿元，以支持该省的农村生活污水治理和改厕工作。山东省质监局联合省住建厅向社会发布了《一体式三格化粪池》和《一体式双瓮漏斗化粪池》两项地方标准，从 2016 年 6 月起，要求在全省推广实行。^② 农户可以根据自家厕所的地形、地貌与具体位置，有所选择地参照。在靠近城镇，可以被城镇污水管网覆盖的地方，则直接推广水冲式厕所；一般农村地区，则推广三格化粪池式或双瓮漏斗式厕所；位于重点饮用水源地保护区的村庄，全面采用水冲式厕所；山区或缺水地区的村庄，推广使用粪尿分集式厕所等。三格化粪池式或双瓮漏斗式厕所，因为造价低、无渗漏、密封性较好，故成为农村无害化卫生厕所的首选。使用这一类厕所，粪尿经长时间发酵分解与沉淀杀菌，既实现无害化，又能生产出优质肥料和沼气，同时还比较节水。

---

① 张雯婷："山东'厕所革命'将免费统一农村厕所样式 效果图曝光"，齐鲁网 2016 年 6 月 3 日。

② 同上。

农村改厕还被视为新农村建设的标志性工作,因为它可以非常明显地提高农民的生活健康质量。[①]山东省农村目前大多初步实现了电、路、水"村村通",尤其是村村户户通了自来水,这种情况也比较有利于改厕工作;由于改厕成本不高,多数农户均乐意接受。尤其是在莱芜等地,通过数十个村庄"连片"改厕整治,往往能够达到更好的社会及环境改善的效果。

在青岛市周边等一些条件具备的乡村,改厕工作往往是和农村的污水处理同步进行的,亦即通过做好无害化厕所改造、下水道管网建设和农村污水处理,根治农村生活污水随意排放的顽疾。厕所革命带动了乡村的环境综合治理,通过实施改厕、改路、改电、改校、改房、改水等工程,相关的公共基础设施和乡民的人居环境也得到明显改善,在人民健康水平得到提高的同时,也拉动了乡村建设投资和乡村旅游产业。这意味着在不少地区,人们起步于厕所革命,而进一步向洁净乡村、美丽乡村不断拓展,从而使得乡村居民享受到和城市市民同等或接近的公共服务。[②]例如,改厕与沼气池建设、改厨、改圈相结合,实现粪便、秸秆、有机垃圾等农村主要废弃物的无害化处理和资源化利用,大幅度降低土壤和水源污染,清洁了家园、田园、水源等。

陕西省属于西北较为缺水干旱的地区,乡村厕所以旱厕

---

① 胡洪林:"山东为提高农村群众健康质量全面推进'厕所革命'",人民网－山东频道 2015 年 11 月 24 日。

② 郑风田:"农村'厕所革命'功在千秋",《中国乡村发现》2017 年第 5 期。

为主，农村改厕面临的形势较为严峻。在日本人类学家田村和彦调查的关中某村，大约是在 2009 年前后，冲水厕所开始取代旧时旱厕而逐渐普及开来，发生这种变化的理由除了城市生活经验者（外出打工、在城里买房、为移居城市的子女照顾小孩等）的增加之外，还有马桶之类洁具的较低价格、农民收入增加，以及技术人员的存在等多种因素的影响。①当然，各地的情形不尽相同，一般来说，靠近城市的郊区农村变化要更早、更快一些。陕西全省农户总数约 711 万，到 2015 年年底，已完成了 366 万农户的厕所改造，卫生厕所的普及率达到 52%，粪便无害化处理率为 42.88%。截至目前，改厕已经使得肠道传染病的发病率由 2010 年的 30.25/10 万下降到 2014 年的 19.50/10 万。但总体而言，陕西省农村的改厕进程，尚较大幅度地落后于全国平均水平。究其原因，部分地是与东南沿海的经济发达省份不同，陕西农村的乡民对于改厕的费用感受到的负担更重。在关中、陕北等地建设一座双瓮漏斗式卫生厕所，至少需要 2000 元，在陕南建成一座三瓮式卫生厕所，至少需要 1800 元，或建成一座三格式卫生厕所，至少需要 2800 元。尽管政府有一定的补助，农户仍需承担相当的费用。由于《陕西省农村改厕工作"十三五"（2016—2020）规划》承诺的改厕目标，仍然是要在"十三五"收官之年，亦即 2020 年，将农村卫生厕所普及率提高到 85% 以上，故省内各地基层政府均感受到极大

---

① 田村和彦：「科学技術世界のなかの生活文化—日中民俗学の狭間で考える」、松尾恒一編：『東アジア世界の民俗—変容する社会・生活・文化』、勉誠出版、2017 年 10 月、第 23–41 頁。

压力。

商洛市丹凤县在陕西省属于欠发达山区，总人口约32万。2006—2010年，该县在棣花、铁峪铺、竹林关等地，开展了以修建沼气式厕所为主的农村改厕试点。2010年，丹凤被列为"中央重大公共卫生农村改厕项目"县。经多方努力，截至目前，全县已经改厕5.1万户，清洁卫生厕所普及率达75%，乡村学校的卫生厕所普及率达87%。2017年7月，丹凤县获国家爱国卫生运动委员会命名为"国家卫生县城"，正是在创建"国家卫生县城"的过程中，全县城乡的卫生面貌发生了很大的改观。县城的公厕分布密度达3座/平方公里；垃圾填埋场、污水处理场、粪便无害化处理厂等运行良好，污水、垃圾和粪便处理均达国家标准。在农村，通过实施"改水、改厕、改灶、改圈"等工程，使得广大乡民获得了安全的饮用水，农村自来水普及率达92%。与此同时，90%的农户还用上了以电、沼气和太阳能为主的清洁能源。[①]丹凤县推进农村改厕的具体做法，除了改厕资金专款专用，按时足额补助给项目农户之外，还通过把改厕与"新农村建设"、"扶贫开发"、"小集镇建设"、"移民搬迁"、"美丽乡村建设"、乡村旅游开发等其他各类项目结合起来，多方争取为乡民改厕提供较多的资金支持，不仅免费提供便器、瓷片、管道、水泥等建筑材料，还对改厕户给予适当的误工补助。一方面，最大限度地尊重乡民意愿，对原有的旱厕进行改造或新建时实施一户一策、一厕一法；另一方面则坚持卫生厕所须有围

---

① 刘春荣："丹凤实施五大工程改善生态环境"，《商洛日报》2017年5月5日。

墙、有厕顶、有密闭式储粪池，以及无蝇、无蛆、无臭、无害化的"三有四无"技术标准。由于改厕使得大批乡民获得了显在的实惠，眼下已经逐渐由"要我改"慢慢地发展成为"我要改"。

第三节　乡村改厕任重道远

农村改厕的经济和社会效益是非常明显的，据说其投入产出比为 1∶5.3，这当然也是中国农村的改厕工作取得重大进展的动力机制。虽然截至目前的农村改厕已经有很多成就，但眼下仍有许多问题和困难。据有关人士的实地调研，就全国范围看，当前农村厕所的改建不超过 50%，这意味着还有上亿农户的家庭厕所需要改建。[①] 和旅游景区及大、中、小城市的公厕改革，主要是强化管理和增加投资有所不同的是，农村改厕始终面临着乡民们那些习以为常的观念和行为的阻滞，其中最为常见的便是认为没有那个必要，或者对在宅院、家屋内有一间厕所感到不适、不舒服。因此，启发、动员和示范，还有适度的资助或补贴，就成为乡村改厕的主要方式。

农村改厕既是农村环境卫生的革命，也是农民生活方式的革命。通常那些改厕进展比较顺利的地方，往往也是经济和生活条件较好的农村，乡民们对改厕高度认同，积极参加或配合。伴随着改厕，相关的健康卫生常识也不断普及，越

———

① 郑风田："厕所小革命能带来农村大变化"，《中国乡村发现》2017年第5期。

来越多的乡民逐渐养成了饭前便后洗手、不喝生水、不吃生食等卫生习惯。由于改厕工程切实地使得村落的生活环境发生了良性巨变，从而增强了农民的幸福感。在一些新型的农村社区，虽然仍会有一些长期持有节俭观念的中老年居民，对于抽水马桶的冲水觉得"浪费"，但年轻一代却感到颇为满意。[①] 甚至在一些乡村还已经形成了新的择偶标准：如果男方家没有卫生厕所，姑娘就不倾向于同意这门亲事。

因为厕所卫生不能达标而对水源、土壤、食品造成严重污染的情形，使得农村改厕成为刻不容缓的现实需求。[②] 但毋庸讳言，在不少地方的乡村，尤其是在较为贫困和边远的山区，改厕工作并非一帆风顺。除了居住分散，改厕难以形成集中连片的效应，"没人、没钱、没观念"则被指出是农村改厕的三个难点[③]。虽然政府有一些补助，但仍然需要农民投入一定的资金，这对于贫困农户而言，确实构成负担；农村出现了过疏化和空洞化，青壮劳动力多外出打工不在家，而改厕既需要动土，也需要技术，故留守的老人们大多倾向于拖着；还有一些农民认为，花钱费工夫去改造旱厕不值当，这些就都属于观念的问题了[④]。类似的还有认为，厕所本该就是脏的，拉撒的地方不需要那么讲究；无怪乎很多农村虽然富裕了，农民生活水准也有了很大的提高，但就是

---

① 王秀艳：《当代社会生活及其意识形态变迁》，人民出版社，2017年2月，第282-283页。
② 林强："'厕所革命'：美丽农村新路径"，《中国经济导报》2015年9月16日。
③ 史林静："中国农村的'厕所革命'"，新华每日电讯2015年7月27日。
④ 葛欣鹏："厕所革命，一场'习惯'的较量"，半岛网-《半岛都市报》2015年8月19日。

厕所这个"短板",始终没有补上来。少部分乡民对于改厕持有拒斥态度,这主要还是因为传统的生活习惯,包括涉及厕所及卫生的观念和行为等,一时难于改变。有的乡民宁愿花钱看病,也不舍得花钱改厕[①],这是由于他们对于乡间常见的疾病和不卫生的厕所环境之间的因果关系没有起码的理解。还有一些对改厕持犹豫态度的乡民,也承认改厕带来卫生的好处,上厕所"和城里人差不多"的感觉很好,但又觉得改厕以后,原本可以作为有机肥料的粪尿就没用了,太可惜。对于这类顾虑,若详加说明,尤其是采用沼气改厕途径,使得人畜排泄物一并入池,既能改善村庄庭院环境,又能产生新的能源,经过沼气池发酵灭菌之后的液体有机肥,其肥力更高等,这些道理若让农民理解了,一般也都会欣然接受。事实上,在广大农村,眼下种田使用粪肥的情形正在急剧减少,除了脏臭、麻烦之外,化肥的便利性早已为农民们所习惯。

正如人类学家杨懋春很早就指出过的那样,想要改善乡村的卫生状况,需要着重社会文化方面而不是经济方面。"家庭厕所的安置和粪便畜肥的处置方式是滋生疾病的沃土。家庭环境不卫生的直接后果就是肺结核和眼病的流行。……村民想要健康、体面,但妨碍的因素太多。他们忽视了卫生学和健康保护;不懂得肮脏和疾病之间的关系;为迷信、偏见和传统所牵制,他们仍旧按照旧办法而不是采用更好的新方

---

① 李凤霞等:"农村改厕工作的困难和对策探讨",《环境与科学杂志》2006年第3期。

法行事"，乡民们觉得从事农业，大多数时候就必然很脏。"显然，改进村庄的公共卫生是一项艰巨的任务，这不单是钱的问题，也不单是教育和村庄管理的问题，它是一项要求把所有这些努力综合起来的任务。换句话说，在公共卫生能达到高水平前，必须改善经济条件，必须让人们受教育，必须使村庄从整体上重新有效地组织起来。这需要逐步稳定地推进，不可能一蹴而就。"①重温70多年前人类学家的这些话，对于理解当前中国各地乡村的旱厕改良工作的艰巨性仍不乏意义。美国人类学者基辛（F. M. Keesing）曾经对波利尼西亚地区萨摩亚人的医药文化做过深度描述，他引用一位有萨摩亚血统的人的话说："萨摩亚人最初热情高涨地接受了健康卫生的观念；他们在海上建起了公厕。然而，这些公厕不久便因杆子倒了，无法再使用；当萨摩亚人仍然到海滩或是灌木丛方便的时候，他心里想到'我明天得修一修那厕所的柱子'，但第二天，他还是照老样子做。随后，这位萨摩亚人便意识到去海滩或灌木丛比修理厕所容易得多，而在何处方便事实上也没有什么差别——况且人们过去一直是去海滩和灌木丛的。从此，海滩上遗留下来的几根朽木便是村子里推广公厕的结果。"②

　　若是结合中国各地农村的具体实际，对于改厕成功的乡

---

① 杨懋春：《一个中国村庄：山东台头》（张雄、沈炜、秦美珠译），第227页。

② Felix M. Keesing, *Modern Samoa: Its Government and Changing Life,* New York and London: Gellen and Unwin, 1934, p.393. 译文转引自许烺光：《驱逐捣蛋者——魔法·科学与文化》（王芄、徐隆德、余伯权译），台湾南天书局有限公司，1997年1月，第122页。

村，似乎也是需要有一段时间的巡视和后续支持。有的乡民不善于管理建成以后的卫生厕所，每每将垃圾或病死的家禽扔进已经发酵的肥液里，从而导致污染的情形时有发生，并影响无害化处理的效果[①]。或因为建冲水厕所得付出水费，不舍得，或不大习惯沼气厕所一年两次的清理作业。调查人员发现，在某些已经完成厕所改建工作的地区，其后续使用的问题也并不少见。以江苏省南通的通州区为例，当地在2006年开始实施农村厕所改建工程，先后改建了数十万座农村厕所；但时隔2年之后，记者回访调查却发现，很多农户家里都已经没有了抽水马桶的影子，就是说被废弃不用了；还有一些虽然尚在使用的马桶，却由于质量太差，经常出现漏水的情况。[②] 此外，有的化粪池没有进行密封，故臭味很大。

和很多致力于目标社区之社会文化变迁的项目，往往也会遭遇文化方面的抵触一样，改厕也不例外。例如，在西藏的一些"农家乐"、"牧家乐"或乡村旅游项目中，一些藏民对于在屋内设置配备有抽水马桶的卫生间非常抵触，于是，妥协的方案往往就是在院落的一角另设厕所。民族学博士代启福于2014年12月14日所做的一次题为"脏的多样性"的学术讲演中，提到了他2008年在四川凉山一个村落进行调查时得到的一个案例：在这个多族群呈现立体分布的村落里，当时正在推广一个沼气池的项目。住在山下的一些傣族

---

① 齐振文、李晓艳、莫俊生："农村改厕工作调查"，《宜春学院学报（自然科学）》2002年第6期。

② 郑风田："农村'厕所革命'功在千秋"，《环球时报》2017年2月6日。

和汉族家庭，已经安装了沼气池，村民们反映有了沼气池，就不用那么辛苦去上山砍柴了，做饭也很方便。但是，该项目在对住在山上的彝族进行推广时，却遇到了阻力。[①] 住在山下的傣族和汉族民众，对于彝族人不安装沼气池的说法是山上的人比较落后，不太讲卫生，卫生条件差，比较脏。但对于山上的彝人而言，他们认为使用了沼气的汉族和傣族才比较脏，他们认为既然沼气是由人的粪便和动物的粪便混在一起产生的，那么，用沼气做饭就相当于"用屎做饭"，彝人认为，如果烹调用于仪式上献给祖先的食物，使用了来自粪便的沼气之火，那么，火也是脏的，饭也是脏的，这就相当于用屎来做饭来祭祀祖先，那是对祖先最大的不敬与不孝。显然，在这里存在着两种完全不同的"污秽"和"洁净"观念。类似这样，当相应的改厕项目在不同的族群遭遇文化抵触时，还是需要非常谨慎地加强彼此的理解和沟通，从而寻找出彼此均可以调适的更为妥当的路径才对。

中国广大乡村的厕所改良进程，已持续了差不多半个多世纪，近 20 年来则处于加速拓展的状态，目前已经到了有可能决战决胜的关键时节。截至 2016 年年底，中国农村的卫生厕所普及率已经提高到 80.4%，这在相当程度上改变了乡村脏、乱、差的卫生环境。农村的厕所革命，是在中国城乡社会经济持续发展的延长线上更进一步的生活方式变革。虽然和旅游厕所革命主要是由旅游局系统主导、牵涉的是各个地方的"形象"有所不同，农村改厕运动主要由卫生行政

---

① 代启福："脏的多样性"，2014 年 12 月 14 日参加 TEDxCQU 演讲内容的文字版。

部门指导，其指向是彻底地改善乡村的卫生环境和提升乡民的健康水平，但两者共同的特点都是行政强力主导，都是由上而下、由外而内地得到快速推动的。即便如此，我们仍然不能否认的是，厕所革命在广大农村是符合民意的，它恰到好处地回应了业已实现温饱甚或初步实现小康生活的农民们，对于进一步改善生活品质，以获得生活尊严感的深层期待。

第七章　围绕厕所革命的"言说"

从城市居民家庭里抽水马桶的普及，到旅游景区、景点和旅游线路沿线厕所的大幅度改善，从城市下水道系统的普及与公共厕所诸多难题的逐渐化解，到广大乡村的改厕实践，眼下中国的厕所革命所涉及的广度、深度、难度和强度，都是以往任何类似的尝试所无法比拟的。厕所革命在中国既是政府分内的工作，也是一场深刻和艰难的社会文化运动。和中国社会几乎所有的运动一样，厕所革命也伴随着声势浩大的舆论宣传、彻底的社会动员、详细的计划、既定的目标以及强有力的行政支持系统。不仅如此，为了推动厕所革命在上述不同的"板块"领域里均能够迅速地取得突破，中国社会的公共媒体和官方话语还特意促成了若干旨在解说厕所革命之必要性、紧迫性、合理性以及可能性的理论性"言说"，以便为厕所革命的运作提供必要的论证。

第一节　"发展"的话语

应该说，不同"板块"的厕所革命，无论是就运动的进程，

135

还是它们各自所要达成的具体目标，以及为了推动所采用的具体策略等，彼此之间存在着一定的差异。例如，就普通民众在都市化大潮中对于"都市型居住生活方式"的追求而言，政府需要提供可靠和牢固的基础设施（下水和排污系统）才行；就旅游厕所革命而言，除了有关方面的投资、管理和服务之外，游客和一般公众的如厕行为是否"文明"，确实是显得格外重要；全国大、中、小城市里的公共厕所，既需要有市政部门在布局、管理和服务等方面，将其作为真正的公共空间予以经营和维护的努力，也需要一般市民符合公德、不违公序良俗地使用它们。中国社会的现代化进程，在某种意义上，取决于市民社会之公共性的成长，也因此，公共厕所作为公共空间的状态，以及机关企事业单位、各种服务行业及公共设施，能否向公众开放其"内部"厕所，就堪称是一块真正的"试金石"。最艰巨的当然是广大农村的厕所革命，虽然社会主义新农村建设、美丽乡村建设、古村镇保护，还有以"农家乐"为主要形式的乡村旅游等多种路径，均程度不等地指向于推动农村厕所迈向改良的方向，但一般农户的改厕却是更加繁重的任务。各级政府的强力推动和普通农户通过改厕以提升生活品质的愿望，正在日甚一日地改变着乡村的面貌，但也毋庸讳言，部分农民的经济状况、卫生观念和对无害化沼气厕所之类"新生事物"持犹豫和观望的态度，往往又会迟滞改厕运动的进度。

尽管上述不同"板块"的厕所革命各有不同的特色，但中国社会的有关话语，却大体上共享着一些颇为相同或类似的表述。

首先是"发展"的话语。这是在社会经济发展的延长线上，去理解和定位厕所革命的言说。自从改革开放以来，"发展"就是硬道理，这已经成为中国社会的基本共识。因此，当厕所革命以发展作为依据时，通常也就不再会有多大的分歧。中国农村改厕的具体目标，是要把农村卫生厕所的普及率在2015年提升至75%，到2020年再提升至85%，其实这个目标既是国内的政治话语体系，亦即到2020年全面建成小康社会这一总发展目标中的一部分，但同时，它也是参照或援引了2000年联合国发展峰会所确立的"千年发展目标"。

根据联合国儿童基金会和世界卫生组织在2012年发布的报告显示，全世界的发展中国家和地区将近有一半人口（约25亿）无法获得厕所等最为基础的卫生设施，全球大约11亿人有随地便溺的习惯。这意味着世界上有40%的人口无法享有不对水源和土壤造成严重污染的安全如厕方式。2015年，全球的基础卫生设施只有67%的覆盖率，远远低于实现千年发展目标所确定的75%。为了改变这种局面，1980年代曾经被联合国确定为"国际饮用水和安全卫生设施10年"，当时是希望10年结束时能够解决问题，但它又被延迟到了1990年代末。中国政府早在1981年便积极参与联合国发起的"国际饮用水和安全卫生设施十年"活动，通过将此类外部动能"内化"的方式，既推动了国内广大农村地区卫生条件的逐步改善，又对联合国达成其相关的目标做出了一定的贡献。

厕所等基础卫生设施的欠缺和落后，乃是欠发达国家和地区的基本状况，而人们不得已使用不洁的厕所，其实就相

当于对人权的侵害 ①。中国虽然不属于完全没有任何卫生设施的状况，但城市的公厕和乡村厕所的不堪也是不争的事实。显而易见，厕所问题同时也是国内重大的"发展"瓶颈性问题之一。长期以来，中国始终面临严重的城乡发展差距，厕所环境可以说是城乡差距中最为明显、直观和突出的表现，对此，无论是下乡的干部，还是进城打工的农民工，都有非常深刻的体验。因此，尽快改善农村厕所的状况，彻底改变农村的卫生面貌，缩小其和城市的距离，对于改善农民生活品质、提升农村幸福指数具有不言而喻的重要性。农村的厕所革命其实也是农村城镇化进程所难以绕开的必由之路，只有改厕成功了，农民才能够过上和城里人差不多同样富有尊严和体面的生活。

改革开放以来，中国和联合国始终保持着良好的合作关系，有关发展和现代化的诸多理念，比起直接借鉴西方国家，中国更加乐意通过联合国的有关机制来导入。借助联合国的项目和理念以推动中国的厕所革命，尤其是乡村厕所改良的实践，可以说是非常合理的决断。事实上，中国农村的改厕工作，确实是既有国内爱国卫生运动的轨迹可寻，也有对联合国儿童基金会所提倡的全球厕所革命予以积极响应的背景。从 1996 年起，联合国儿童基金会资助中国 8 个省的农村进行改厕工作，1996—2000 年，在该基金会的农村环境卫生、个人卫生教育等项目的支持下，陕西省志丹县、横山县、

---

① 刘莉莉："世界厕所峰会代表称使用不洁厕所侵犯人权"，《新闻晨报》2007 年 11 月 5 日。

靖边县共计约有 70537 户农民用上了卫生厕所，这三个县农村卫生厕所的普及率分别从 1996 年的 5%、7% 和 4% 发展到 2000 年的 50%、46.2% 和 48.7%。[①] 在甘肃省，有关部门通过和联合国儿童基金会的大力合作，截至 2000 年，已经使全省有 162.38 万户农民用上了卫生厕所，约占全省农户总数的 32.51%，其中临泽县的改厕率已达到 94.08%；而全省农村粪便的无害化处理率也达到了 39.64%。类似这样，经由联合国的发展目标，中国社会大力推动厕所革命也就是无涉意识形态、旨在促进实现社会公平的"发展"。中国政府在和西方国家就"人权"议题发生争执时，往往是把"发展权"视为人权的最基本内容，故在涉及"发展"问题上，也就最乐意和联合国合作。眼下中国已经初步地实现了联合国的卫生发展目标，亦即农村的卫生厕所普及率达到了 75%，但中国又额外设定了在 2020 年之前将这一指标提升到 85% 的国家目标。中国如此努力，既有国内持续改善民生的需求，同时也是对联合国相关项目和目标的鼎力支持。

　　中国对于与世界厕所组织的合作也一直持颇为积极的态度。2001 年 11 月，30 多个国家和地区的 500 多名代表在新加坡举行了首届厕所峰会，并成立了国际性的非政府组织——世界厕所组织。2013 年 7 月 24 日，第 67 届联合国大会通过决议，将每年 11 月 19 日确定为"世界厕所日"，以便推动安全饮用水和基本卫生设施的建设，倡导人人享有清洁、舒适和卫生的如厕环境，提高全人类的健康水平。尽管

———————

① "联合国掏钱给陕北农民盖厕所"，中国新闻社 2001 年 1 月 16 日。

中国代表团曾经被讽刺说"他们来只是为了购物"[①]，但几乎每届世界厕所组织的大会都有中国代表参与，这对于中国而言，的确意义重大。继 2004 年第 4 届世界厕所峰会在北京成功举办之后，2011 年 11 月 22 日，世界厕所组织和海南省政府又在海口共同主办了第 11 届世界厕所峰会，此次峰会的主题是"厕所文明，健康、旅游、品质生活"，峰会期间还举办了厕所和卫浴设备新产品展等活动。2015 年 11 月 19 日，在第三个"世界厕所日"，由国家旅游局、住房与城乡建设部、北京市人民政府主办，由北京市环卫集团承办的"世界厕所日暨中国厕所革命宣传日"活动在房山区政府广场举行，这次活动也颇为自然地凸显了中国厕所革命的国际化大背景，以及它作为全球行动之一部分的意义。

环顾当今世界，厕所状况无疑仍然是区分"发达"和"不发达"的最为清晰的标准，正如英国《金融时报》2015 年 1 月 5 日的署名文章（帕提·沃德米尔）所指出的那样，长期以来的中国内地厕所，响亮而清楚地呈现出自身作为"发展中国家"或地区的身份；厕所及相关的公共卫生状况，一直是中国城乡所面临的重大"发展"瓶颈。事实上，中国的公共媒体，例如《环球》杂志在 2004 年第 22 期发表的若干涉及"厕所革命"的文章，对于世界上主要发达国家和发展中的第三世界国家在厕所方面的差距，一直是有着高度清晰的认知。

---

① 〔英〕罗斯·乔治：《厕所决定健康——粪便、公共卫生与人类世界》（吴文忠、李丹莉译），第 54 页。

第二节　"卫生"科学的言说

在中国城乡开展的厕所革命或改厕运动当中，"卫生"科学的言说则显得尤其重要。此类卫生科学的言说并不是突然形成的，事实上，它早已经是中国基层的卫生防疫系统长期以来的工作用语；但若进一步追溯，这一言说甚至可以上溯至晚清以来，中国有识之士借助西方卫生科学的知识和理念，致力于"卫生救国"、"卫生强国"的各种不懈的努力之中[1]。在西方文化的冲击下，20 世纪初期的"五四"运动，曾经毫不犹豫地请来了"德先生"和"赛先生"，但直至 21 世纪初期的中国农村，包括卫生科学在内的科学知识的教养依然存在着较大面积的滞后，就在当下彻底的改厕运动即将获得重大进展之际，依然大有在乡村进行卫生科学知识补课的迫切需要。例如，细菌学说虽然早在晚清时就已经传入了中国[2]，但至今在中国腹地很多地方的农村，病原学、细菌学、防疫科学、流行病学等卫生科学的基本知识，其渗透和影响力依然非常有限。就是说，信奉"不干不净，吃了没病"或"眼不见为净"之类日常生活理念的乡民，在中国农村依旧为数众多，因此，"卫生"的科学言说，尤其是在农村改厕运动中具有不容忽视的重要性。

就世界范围来看，当讲到欠发达国家和地区的公共卫生

---

[1]　胡宜：《送医下乡：现代中国的疾病政治》，第 40-44 页。

[2]　余新忠：《清代江南的瘟疫与社会——一项医疗社会史的研究》，中国人民大学出版社，2003 年 1 月，第 152-154 页。

问题时，其实主要就是针对人畜排泄物未能予以妥善地处理的委婉说法。饮用水的不安全（多含有粪便微粒）乃是导致众多常见疾病的原因，有证据表明，仅仅是通过改善饮用水的卫生，就可以使腹泻发病率下降40%。长期以来，在中国很多地方的农村，事实上一直面临着严峻的公共卫生问题。因为厕所状况堪忧（无论旱厕还是水厕），人畜的排泄物管理不善，遂使其中的病菌、病毒、寄生虫等多种病原体很容易就成为乡村流行肠道类传染病的原因。通常在厕所环境不卫生的农村地方，人畜共患疾病之类的问题也就比较突出。中国农村地区大约80%的传染病，是由厕所粪便的污染和饮用水的不卫生习惯所引起的。经由"粪口传播"的传染病，主要有痢疾、霍乱、伤寒、肺炎、病毒性肝炎、感染性腹泻等肠道传染病，以及肠道寄生虫、血吸虫等寄生虫病，合计多达30余种。和广大农村的厕所环境的不良状况相对应，中国数以亿计的蛔虫病患者，其90%都是来自农村。长期以来，这类状况一直难以彻底改变，被认为是在农村必须彻底实行改厕的最大理由。即便是以经济发展较好的浙江省为例，直至10多年前，除了极少数乡镇的新建住宅区采用了生活污水净化的设施，做到达标排放之外，全省95%以上的乡镇没有集中的污水处理设施；绝大部分乡村的生活污水通常是直接排入河流，从而使得河道成为名副其实的露天化粪池[①]。1988年，江苏省的伤寒发病数高达71819例，占全

---

① 单胜道、邵峰、周珊等：《浙江省农村废弃物调查》，科学出版社，2009年1月，第10-11页。

国发病数的一半以上，无锡市 1988 年的肠道传染病的发病率高达 661.11/10 万，肠道传染病占全市传染病总发病数的 93% 以上，而导致这种状况的原因，被认为是农村的"改厕粪管"工作不力。[①]

联合国儿童基金会驻中国办事处的水与环境卫生项目的专家认为，中国农村的肠道类疾病和妇科疾病高发的现状，与中国农村没有较好条件的卫生间有关，而通过农村的厕所革命正好可以改善这一状况。1989 年，河南省虞城县的一位医生发明了一种"双漏斗式卫生厕所"，它极大地缩小了粪便的暴露面积，据当地卫生防疫部门测定，使用它可以使苍蝇密度下降 96%，杀蛆率达 89%；与此同时，大肠杆菌和寄生虫卵的杀灭率则分别达 99.99% 和 99.91%。因此，这项发明后来不仅在河南省，还在其他不少地方的农村都得到了大力推广，并成为农村改厕工作的重要组成部分。[②]事实证明，通过改厕便可以使得乡民们的肠道类传染病的发病率逐年下降。例如，在山西省南部隶属于运城市的绛县，近年的厕所革命使得当地 6 万多农民告别了蚊蝇滋生的老式旱厕，于是，当地的肠道类传染病减少了 46%，蛔虫病减少了 40%，蝇虫密度降低了 90% 以上。根据国家卫计委于 2014 年 4 月发布的数据，2009—2011 年农村改厕项目综合效益评估显示，项目地区的"粪－口"传播疾病的发病率明显下降，由 37.5/10 万降至 22.2/10 万；其中痢疾、

---

① 陆耀良、吴玉珍、徐强："江苏省农村改厕粪管工作的现状和对策"，《中国公共卫生》1992 年第 8 卷，第 8 期。

② 刘全喜、张择书主编：《厕所革命在河南兴起》，河南人民出版社，1993 年 9 月，第 62 页、第 56—57 页。

伤寒和甲肝发病的人数分别下降了 35.2%、25.1% 和 37.3%。特别是在一些血吸虫病的疫区，通过厕所革命降低血吸虫病的传染，也已经被证明是十分有效的。

城市居民或许觉得距离那些触目惊心的水环境污染无缘无关，但其实，城市居民对于导致污染的责任一点也不比乡下人轻。在中国的大多数城市，目前仍旧是把包括排泄物在内的城市废水直接排泄到附近的河流或湖泊、海洋之中。据有关专家初步估算，在每年大约 600 亿吨的污水排放量当中，近一半是混有粪便的生活污水，这直接造成了日趋严重的江河湖（库）海污染。国人平均每天如厕 5-6 次，城市居民每户每月的平均耗水量为 30 吨左右，其中的一半以上为厕所用水；而且，1 吨厕所污水便有可能污染 220 吨干净的水。除了造成水环境的污染之外，在严重缺水的中国，仅厕所每年所漏泄的生活用水就是非常惊人规模的浪费。

需要特别指出的是，在一些城乡接合部或城市里较多农村外来人员聚集地区的公共厕所，存在着较大的环境卫生隐患。由于外来务工人员较多租住的廉价房屋，通常是没有配套厕所的，所以，他们对于公共厕所的利用需求就比较高。有关调查显示，这些地方的公共厕所的卫生管理水平尤其需要提高，虽然其周边的常驻居民和外来务工人员均比较认同改进厕所卫生能够增进防病方面的效果，但是，人们对于改厕的参与意识及其公共卫生意义的认知却相对比较低弱。[1]

---

[1] 李剑等："农村外来人员聚集地区公厕改造利用的健康教育策略研究"，《中国农村卫生事业管理》第 35 卷第 11 期，2015 年 11 月。

总之，对于"卫生"科学的言说，中国城乡社会通常是没有很大分歧，通常也不会有人质疑。事实上，因为改良厕所导致农村各类疾病发病率减少或大幅度降低的事实，对于社会各界而言，均是很有说服力的[①]。诚如美国哈佛大学的遗传学家加里·拉夫昆指出的那样，在导致人类寿命延长的多种因素中，厕所可谓最大的变量；现代公共卫生体系，特别是拥有排污系统的厕所，几乎使人类的平均寿命延长了20年。[②] 也因此，无怪乎有学者认为，具备抽水马桶等现代卫生设施的厕所，其实要远比抗生素、疫苗及麻醉法等对于人类健康的贡献更大。

第三节 "文明论"言说

把厕所革命说成是一项"国家文明工程"，认定它的目的是要提升中国厕所文明的水准，这也是中国公共媒体和政府有关部门眼下的基本表述。如果说对于"厕所文化"的不同，或许还可以有基于文化相对主义立场的解说，那么，对于"厕所文明"的概念，由于它是衡量不同的社会或族群约束其人们的排泄行为，以及应对和处理人类排泄物方面所能够达到的科学技术水平和社会治理的高度，因此，确实也就难以回避有先进落伍或高低的比较。在这套"文明论"的言说中，

---

① 李永芳："我国乡村居民居住方式的历史变迁"，《当代中国史研究》2002年第4期。

② 〔英〕罗斯·乔治：《厕所决定健康——粪便、公共卫生与人类世界》（吴文忠、李丹莉译），导言 XI。

厕所被视为是文明的窗口，是一个国家或地区文明程度的重要体现；中国的厕所文明远远落后于发达国家，故我们必须急起直追；而文明的厕所乃是厕所文明的硬件保障[①]。在这些方面，各地还有不少更为通俗的表现，例如，"物质文明看厨房，精神文明看茅房"的说法就很令人印象深刻；而在很多地方男厕的便池前，常常写有"向前一小步，文明一大步"的口号等等。中国官方媒体对于厕所革命的报道，经常引用世界厕所组织发起人的观点："厕所是人类文明的尺度"；若用国家旅游局局长李金早的讲话来说：厕所虽小，却是一种全世界通用的嗅觉语言和视觉语言，是文明沟通中最短的直线，体现了文明进化的历程。但它却被我们忽略得太久了[②]。在李金早看来，过去数十年间，中国评选过无数的旅游城市、卫生城市、环保城市、文明城市等，但其公共厕所却几乎没有真正达标。因此，要解决这一问题，就需要以公厕状况实行一票否决，否则，不足以引起震撼和重视。

关于文明的表述，既有强调国家和民族层面的，也有强调个人层面的。前者把厕所和国家或民族的文明程度相联系，故有媒体就指出，厕所文明欠缺的国家，难以进入世界文明之列；后者如说厕所文明表面上看是卫生问题，实质是公民素养，是精神文明。简言之，厕所环境的好坏既事关国家文明形象，又体现国民文明素质。尤其后者的论说，往往还把厕所的不堪归咎为使用者如厕行为的"不文明"（便后不冲

---

① "有文明的厕所，还要有厕所文明"，《京华时报》2015年11月19日。

② 钱春弦："握紧'文明尺度'、改造'方便角落'——就'旅游厕所革命'专访国家旅游局局长李金早"，新华网2015年3月18日。

厕、方便不入坑池、过度使用卫生纸、踩坏坐便器等行为），认为城市公共厕所令人恶心的局面反映了现阶段市民的文明水准。眼下中国很多城市的"市民守则"，或成为"文明市民"的条件，都会程度不等地涉及"不随地便溺"之类的内容，例如，陕西省商洛市对于"文明市民"的要求有"十不准"之说：不准随地吐痰、不准随地便溺、不准乱扔乱倒、不准乱贴乱画、不准乱堆乱挂、不准乱搭乱建、不准乱摆乱放、不准乱穿马路和闯红灯、不准损坏市政设施、不准损毁公共绿地和绿化设施等。类似这样，中国各个城市已经或正在推动的相关规范，眼下正在日益形成如诺贝特·埃利亚斯所说的那种"外部强制"，而一旦它们内化为个人对于自己行为的"自我监督"和"自我控制"，则"文明化"的进程就会形成日趋严格及明确的走向①。

然而，在中国的公共媒体和官方话语当中，常见的还有另一套令国人自豪的"文明论"言说，例如，中国是世界四大文明古国，数千年文明史一直没有中断，中华文明对于全人类做出了巨大贡献等。可是，每逢奥运会、世博会和各种中国需要向国际社会展示美好国家形象及其魅力之时，这两种关于"文明"的言说难免就会相互抵触，因为每当此时，几乎是例行地就需要举办各种提升市民文明素质的活动。显然，此文明非彼文明也，一是古代文明，一是现代文明，古代中国文明的辉煌并不能掩饰当代中国社会现代（厕所）文

---

① 〔德〕诺贝特·埃利亚斯：《文明的进程——文明的社会起源和心理起源的研究》（袁志英译），第二卷 社会变迁 文明论纲，生活·读书·新知三联书店，1998年4月，第251–252页。

明缺失或滞后的尴尬。中国古代的农耕文明体系，在厕所及排泄物的处理方面，除了最大限度的利用、优雅地回避、熟视无睹或忌讳表述之外，并没有留下多少值得夸耀的遗产。中国经常自诩自古以来即为"礼仪之邦"，但由于传统文化一向视厕所为不齿、不屑，从而无法认真地对待它。虽然让富于民族自豪感的中国人，依照西方的（厕所）文明标准来规定自己的行为，这似乎有些别扭①，但如今，厕所成为关系到国计民生、国家形象的大问题，"文明论"言说也就成为国人自我激励以改变现状的动力。从中国传统的并不那么令人骄傲的厕所文化，经由厕所革命的洗礼，发展到现代的不再令国人尴尬的厕所文明，乃是当代中国社会实现全面现代化或者说，全面建成小康社会和实现中华民族伟大复兴的必由之路，舍此别无捷径。

长期以来，关于厕所问题的"文明论"言说，其实还潜在地内涵着其他一些意思：西方发达国家的文明和中国等发展中国家的不文明，以及城市的文明和乡村的不文明等。自从19世纪以来，欧洲各国的中产阶级就越来越倾向于认为，正是"肮脏的如厕习惯把乡下人和文明人区别开来"，乡村的厕所状况几乎就是低等生活方式的象征，与之相关的还有对都市社会的适应不良、贫困和道德放荡。② 必须指出的是，类似的观念至21世纪初，对于中国新兴的中产阶层而言，

---

① 〔英〕罗斯·乔治：《厕所决定健康——粪便、公共卫生与人类世界》（吴文忠、李丹莉译），第119页。

② 〔瑞典〕奥维·洛夫格伦（Orvar Lofgren），乔纳森·弗雷克曼（Jonas Frykman）：《美好生活：中产阶级的生活史》（赵丙祥、罗杨等译），第157–165页。

依然是非常明确和现实地存在着，因为现代生活需要干净的供水系统、发挥作用的抽水马桶和环保的排水系统，这正是区分成功和不成功、舒服和不舒服、特权和非特权的基本标准。千百年来，一直如此[①]，中国也不例外。在当今世界，不仅厕所文明水准相对较高的发达国家和地区的媒体及公众，经常会流露出对于欠发达国家和地区民众的歧视；其实在任何一个国家的内部，中产阶级或城市居民对于社会底层民众或一般乡村的厕所状况，同样也会秉持有居高临下的优越感。尽管厕所文明的程度的确是与人们的意识、理念和价值观等密切相关，但它经常被不恰当地和(如厕者)的"道德"、"人品"等联系起来，从而成为建构部分人歧视另一部分人之优越感的依据。也因此，我们寄厚望于当前中国正在推进的厕所革命，相信它的最终成功，能够彻底消除中国社会中上述所有那些不公正的歧视。

第四节 公共性言说的欠缺

"公共性"本是一个内涵丰富而又复杂的概念，但在此，所谓"公共性"主要是指政府需要向国民提供的公共秩序和基本的公共服务，而公共卫生则被认为是此种公共性之最为典型的表现。显然，厕所革命还特别地与现代国家之市民社会的"公共性"问题密切相关，必须承认，和厕所革命相关

---

① 〔美〕霍丁·卡特：《马桶的历史——管子工如何拯救文明》(汤加芳译)，第8页。

的"公共性"言说，目前在中国尚较为欠缺。作为"旅游厕所革命"的基本目标，就是要彻底提升"旅游公共服务"的品质，进而提升整个国家的公共服务的水准。在这个过程中，旅游部门提供公共服务的职责定位进一步清晰化，旅游厕所的"公共性"理所当然，几乎不需要论证。作为市政工程体系的一部分，城市厕所和下水处理系统乃是公共体系中最为基础，也往往是最为薄弱的环节，城市的标准化公共厕所必须是能够真正地满足市民的需求。因此，城市公共厕所革命从一开始就是得民心、顺民意、惠民生的民生工程。显然，这样的厕所文明其实是无法由个人单独建构的，也就是说，厕所问题从一开始就不是个人层面的问题，它甚至也不是局部地域的问题，它必须是公益事业，必须是政府和社会公共

图22 上海市长风公园内公共厕所门口的告示：
"我们规范服务 请您文明用厕"

体系的责任。城市公共厕所的功能转变，使得它不再只是一种供人们"方便"的公共设施，同时还可以或应该是具备更多功能的公共空间。在某种意义上，可以说连厕所问题都管理不好的城市，也就没有理由指责市民的如厕文明素质如何。政府和公共媒体不应该只是抱怨市民如厕时多么地不够文明，而是应该深入地检讨作为供给侧和管理侧对于公众所承担和承诺的基本责任（图22）。

　　曾经有一个时期，一些由市政当局建设的公共厕所或委托给民间承包管理的公共厕所，是通过"收费"方式强化卫生管理的，但这种做法引起了部分市民的反感。随后，也有学者从政治学视角分析了免费开放公厕的意义，认为公厕姓"公"，应该由政府建设和管理，以方便社会和民众。学者之所以提出免费公厕的理论依据问题，就是认为城市公厕的定位，应该是基于"公共性"[①]。换言之，公共厕所是特殊性的公共场所，它的基本属性是准公共产品，为公众提供服务，故属于公益事业。从百姓之事无小事的意义上，公共厕所是对各地各级政府之公共服务意识的一大考验。在这里，我们还需要对"民生"进行重新定义，把现代公厕必须为使用者提供安全、舒适的私密排泄空间的环境，以能够体现人性化的意义也纳入其中。换言之，每个公民均享有清洁如厕的权利，作为一个"绝对真理"，每个人均有排泄的需求，那么，社会就必须有公共厕所，且必须是公共性管理到位的公共厕所。

---

① 程守艳："对公共性的考量：'免费公厕'的组织学思考"，《法制与社会》
　　2011年第3期。

在中国，厕所问题实际上还是更为复杂和深刻的社会结构性问题的一部分。例如，富裕阶层或中产阶级，总是更有能力避开未经处理的排泄物及其可能带来的疾病和卫生问题；在城市从事保洁工作的从业者，大多是从外地或乡下来的，他们往往受到歧视和轻蔑；至于厕所环境的城乡差距，更是令人触目惊心。最为典型的例子，还有屡屡被指出，却很少被中国各路精英所"自觉"到的"内部"厕所问题。早在 1994 年，上海市就要求沿街单位的厕所对外开放；直到 2002 年，北京地铁内的公共厕所才免费开放，但其实往往会以故障为由而使公众难以利用；政府有关部门还有规定，今后凡是开餐馆就必须有卫生间，并对外开放，否则，不得营业；沿街新建的公共设施也都必须在临街一面附建对外开放的卫生间[1]。但是，例如在南京，直到最近，居然仍有民政局办公大楼拒绝前来办事的市民使用其厕所的情形[2]。遗憾的是，类似情形绝非孤例，甚至连社区的公共厕所也时不时会排斥外来的民工[3]。据统计，南京市 43 条新（拓）建道路的两侧，全线没有一座公共厕所，例如，光牌路、中山路以及新街口至建邺路等路段等，均无公共厕所。这种情况其实在各大中城市并不罕见。也因此，各地厕所革命往往就会包括敦促"内部"厕所向市民公众开放的内容。2012 年，山东省济南市城管局动员沿街单位和企业以及

---

[1] 崔红："北京有关部门规定：开餐馆必须有卫生间并对外开放"，《北京晨报》2001 年 12 月 25 日。

[2] "南京一民政大楼厕所装密码锁 回应称上厕所的太多"，中国广播网 2014 年 11 月 6 日。

[3] 胡雪柏："民工上厕所罚款 50 元？公厕标语让人心寒"，《京华时报》2002 年 11 月 22 日。

景区周边的药房、饭店、医院等单位，对社会开放其"内部"厕所，并成立了"厕所开放联盟"，目前该联盟成员单位据说已经超过 800 多家，从而为市民方便如厕提供了新的选择。在云南省昆明市，政府印发的《公厕建设管理实施办法的通知》也提出，沿街非涉密单位的"内部"厕所，原则上对外免费开放；到 2020 年年底以前，要实现城市主干道 500–800 米有 1 座公共厕所、支次干道 800–1000 米有 1 座公共厕所的目标。为了达成这一目标，就需要鼓励街道两边的党政机关、企事业单位、餐厅、超市、加油站、商业服务窗口、宾馆饭店，均向社会开放其厕所，从而实现公共资源的共建共享。[1] 沿街各企事业单位的所有大中型建筑物，均应该同步设置能够对外、亦即对社会开放的"附属式厕所"，显然，这就需要有厕所意识之指向于公共性的大变革[2]。

　　"内部"厕所的存在表明，中国的社会分层在厕所问题上，仍然以"内／外"的逻辑显现出来。欠缺公共性的"内部"厕所，从一个侧面反映了中国社会的结构性问题。虽然人类学家费孝通曾经提到的苏州市民在公共水域倾倒马桶秽物的传统习俗，确实已经成为历史了，但他所论证的那个"差序格局"却依然存续，并且依然继续反映在和厕所有关的公共性问题上面。例如，中国社会之公共性的欠缺，还经常地体

[1] 李发兴："云南启动城乡'厕所革命'今年6月底前逐步取消公厕收费"，人民网－云南频道，2016 年 2 月 18 日。

[2] 罗祥兴："访厕所"，《经济参考》1984 年 4 月 1 日；周樱、罗祥兴、李爱平："再访厕所——随北京市 5 位正副市长察看公共厕所"，《经济参考》1984年 4 月 22 日。

现为城市小区居民和企事业单位对于公共厕所的普遍"邻避"现象，遗憾的是目前有关"邻避"问题的研究，还很少触及公共厕所的邻避困境①。由于小区居民均有各自家里的抽水马桶可以使用，故对于在小区建设公共厕所秉持拒斥甚或敌视的态度，他们或团结起来，阻止小区的公厕建设，或故意破坏公厕设施，使之关闭停用，为的只是不让小区居民以外的"外人"使用，从而保持小区环境的"洁净"。公共厕所不仅被认为是污染类邻避设施，而且还是心理不悦类、污名化类邻避设施，尽管它是如此的典型，却往往不被研究者列为邻避设施，这恰好说明了它很难被觉悟到的属性。对于厕所的邻避，违反了公共空间的公平性原则，它和中国各个都市以隔离为特征的"门禁社区"一样，都不是市民生活幸福的真正方向（图23）。

图 23　漫画：失"厕"

（蒋跃新作）

---

①　王佃利等：《邻避困境》，北京大学出版社，2017 年 7 月，第 19-20 页。

第七章　围绕厕所革命的"言说"

导致中国城市里公共文化和作为公共生活载体的公共空间较欠发达的原因很多，例如，城市小区规划对于公共厕所之类公共设施的轻视；要把城市的卫生和美观、整洁视为国家的文明化和现代化程度，但却不是通过提升对于公共厕所之类设施的彻底管理，而是倾向于使它不存在或至少在显眼处看不见。近代以来中国各城市的环境卫生工作，几乎就等同于处理垃圾、污水和污物，于是，在一些市民和环卫系统看来，公共厕所好像就成为影响"市容市貌"的因素。由于城市景观必须成为社会主义制度优越性的表象，故对于公共空间的"纯净化"追求，几乎就达到"城市洁癖症"的程度，于是，小商贩、流浪者和公共厕所等似乎都成为影响都市尊容的污秽和危险[①]。如果从"公共性"的角度去思考，这些都是值得重新思考和予以改革的。

厕所革命所应指向的"公共性"，当然是对于基本人权的尊重。厕所革命的成功最终必须是以消除各种不公正的歧视为指向。例如，长期以来，公共厕所的男女厕位失衡问题一直没有引起重视，人们对这个问题极少有所"自觉"[②]。在厕所革命的进程中，经由洗手间所显示出来的男女不平等状况，可望得到某种程度的缓解。2010 年 11 月，福建省妇女联合会宣布，政府已将性别意识纳入公共设施建设，规定公共厕所的女性厕位数量为男性厕位的 1.5 倍至 2 倍。不久

[①] 孟超：《转型与重建：中国城市公共空间与公共社会变迁》，中国经济出版社，2017 年 1 月，第 71-72 页。

[②] 周华山："女性如厕与身体政治"，载《社会学家茶座》第二辑，山东人民出版社，2003 年。

前，广东省珠海市人大审议通过的《珠海市妇女权益保障条例》也有类似规定。所有这些都意味着厕所革命伴随着中国社会之公共性的成长，其目标就是人人平等地享有清洁、卫生的如厕环境。

第八章 "厕所文明"的全球化进程

　　美国人类学家罗伯特·路威（Lowie R.H.）秉持文化相对主义的立场，曾经就西欧人初从乡村生活过渡到城市生活时的"卫生"状况，明确地指出，在若干年以前，欧洲人和"野蛮人"其实是站在同一条线上的。[①] 的确，路威的表述充满了智慧并且正确，但是，我们认为，文化相对主义并不适宜被用来阐述现代民族国家的卫生体制之下的厕所问题。虽然不同的国家在解决各自的厕所问题上，有可能存在着完全不同的方法、路径和理据，其所分别达成的水准和高度也会有所差异，但它们都是在朝向人类社会更加具有高度的整体性厕所文明的方向发展。

第一节　厕所"文明化"的历程

　　由于厕所在近现代化的历史进程中，迅速并且日益成为

---

① 〔美〕罗伯特·路威：《文明与野蛮》（吕叔湘译），生活·读书·新知三联书店，1984 年 2 月，第 73–77 页。

人类的基本需求之满足程度不断提升的关键性设施之一，因此，它几乎是毫无悬念地就被用作了衡量现代社会文明之高度的标志，这在当下的国际社会已经是一般性的共同认知。可以说，这一认知起源于东西方文明史的漫长积累和悠久发展。

在欧洲历史上，从公元 6 世纪直至 16 世纪中叶，粪便处理等方面一直处于"不洁"的状态。大约是到 16 世纪末（1597 年），据说才终于由英国人哈林顿勋爵发明了抽水马桶（WC）；而到 1775 年，英国的一位钟表匠人卡明斯才又进一步改善了它。1739 年，在巴黎的某场社交舞会上，主人破天荒地为来宾们准备了分别男女的方便之处[①]，据说从此男女的方便就逐渐有了分别的空间。应该说，所有这些点滴和片段的发明或进步，都是在为人类最终化解自身排泄物所带来的困扰，持续不断地朝着一个既定方向发展的进程中形成的必要且具有积极性意义的积累。

导致最终解决粪便问题的现代公共卫生系统基本上肇始于欧洲。在 1812 年，"卫生管理"一词，开始出现在巴黎行政部门的工作词汇之中，这意味着这个城市开始真正地关注公共卫生问题了，而人类的排泄物正是令巴黎市政当局头疼不已的诸多公共卫生问题之一。但对于厕所作为公共性的卫生问题的认识，一直很难普及。例如，直到 1871 年，法国巴黎的市政厅里，仍然没有卫生设施，以至于在 1982 年

---

① 〔英〕劳伦斯·赖特：《清洁与高雅：浴室和水厕趣史》（董爱国、黄建敏译），第 135–136 页。

出版的《纪念巴黎市政厅重建100周年》的出版物里，对于这座雄伟建筑的方方面面，甚至包括暖气、照明、电话、电梯等均做了非常细致的介绍，却唯独对卫生设施只字不提。

在19世纪早期的欧洲各国，由于人们尚不了解细菌致病的原理，所以，饮用水的安全通常并不是很靠谱。例如，在伦敦，当时的9个经营水的公司中有5个是从泰晤士河直接取水供人饮用的，而这正是导致霍乱频发的温床（霍乱病菌的主要载体就是人类的排泄物）。1831年，伦敦爆发的一场瘟疫，据说夺去了6536人的生命；1842年，伦敦又爆发了瘟疫。传染病频繁发生促使人们去查明导致疾病蔓延的源头和路径，结果发现大多数病例往往是来自没有卫生设施的穷人居住区。但是，在由慈善协会赞助建立的工人样板家庭里，由于安装了必要的卫生设施，则几乎没有因为传染病而死人的情形。[①] 虽然早在1847年，伦敦就已经初步建成了城市的下水道，但因为排污的设备和设施远远谈不上健全，加上市民的认知存在误区，所以，水环境污染的状况依然非常严重，故到了1848年，伦敦仍爆发了严重的霍乱疫病。在1848—1849年间，伦敦死了14000人，全英国据说死亡达50000人。这场瘟疫断断续续，直至1854年，一位名叫约翰·斯诺的医生将百老汇街上的一个水泵柄拆了下来，才最终阻断了它的蔓延。当时有一种颇为普遍的看法认为，将污水直接排放到泰晤士河，虽然可能会伤害这条河，但这样做却能保

---

① 〔德〕克劳斯·克莱默等：《欧洲洗浴文化史》（江帆等译），海南出版社，2001年6月，第81页。

护人的健康。但随后，流行病学和细菌理论在 19 世纪末期的欧洲逐渐发展起来，人们才终于意识到病菌与饮用水之间的联系，也意识到通过建设污水管道和使用冲水厕所，将排污管线加以处理，例如，把它布置在饮用水管线的下游，再将抽水马桶也通过看不见的管线连接起来，就有可能阻断因为饮用水的不安全而可能导致的传染性疾病的爆发，这就是伦敦著名的巴扎尔盖特下水道系统的缘起。

瘟疫的频繁发生也促成了通过法律的手段规范人们的各种行为，以建构公共卫生安全之社会体系的尝试。1848 年的瘟疫，最终促使在英国通过了一些卫生法规，分别在供水、排污以及城市垃圾处置等方面明确了一些规范，同时还设立英国历史上最初的公共卫生机关，亦即卫生委员会，强化国家对公共卫生的监管。进而又在第二年，亦即 1849 年，颁布了《粪便清理法案》，从而不断地加强了城市卫生尤其是粪便管理的强度。到 1875 年，英国则进一步正式地颁布了《公共卫生法》。大约到 19 世纪末，英国的不少城市都开始引进了冲水厕所，而且，也有统计数据显示，没有冲水厕所的人家，比起安装了冲水厕所的人家来，患伤寒病的比例要高出 4 倍。[①] 其实在 19 世纪，因为公共卫生方面的欠缺，导致英国几乎有一半的婴幼儿夭折；只是在进入 20 世纪以后，因为家庭厕所的普及、排污系统的建立，以及人们普遍养成了使用肥皂洗手的习惯之后，儿童的死亡率才出现了大幅度

---

① 〔英〕劳伦斯·赖特：《清洁与高雅：浴室和水厕趣史》（董爱国、黄建敏译），第 198 页、第 277–278 页。

的降低。

厕所在家庭住宅内部的设置这一举措本身，也是经过了很多的曲折和缓慢的进展，才最终成为现实的。在1880年代的法国，巴黎卫生住房委员会的一些委员曾经相信，一个厕所可以由25人所共享，反对的意见则认为，这种只是基于"经验层面"的观点，可能导致城市公共卫生存在隐患，因此，应该确立每套住房均设立各自的厕所这一目标。但是，这个观点直到10年以后，才终于被巴黎行政当局所认可，并在1894年颁布法令，确立了每套住房内部都应该附设卫生间的原则。不难理解的是，导致这一法令出台的因素，某种意义上，正是此前两年，即1892年法国爆发的19世纪最后一次霍乱，并付出了很多人死亡的惨痛代价。

1851年5月1日，"万国工业博览会展览馆"在伦敦开幕，包括抽水马桶在内，构成后来所谓"现代生活"的几乎所有主要的发明，诸如电灯、电话、电报、室内管道、煤气照明、制冷、暖气等，如雨后春笋般地涌现出来。随后，伦敦便掀起了在家里安装抽水马桶的高潮。[①] 在这次万国工业博览会上，工程师乔治·詹宁斯为其中的"水晶宫"修建了一座影响深远、具有现代性的公共厕所，前后共有827280名游客付费使用了它。虽然有了这个成功的范例，但随后的大多数建筑物，仍然出于对成本等因素的考虑而选择不建造厕所。1858年，乔治·詹宁斯还曾提出提议，认为应该在那些碍眼

---

① 〔英〕比尔·布莱森：《趣味生活简史（第2版）》（严维明译），接力出版社，2011年7月，第15页。

的，并使大城市饱受诟病的瘟疫地区，建造适合于"现代文明发展阶段的厕所"，但他的这项提议，直至1870年代以后才开始慢慢地被理解和接受。

大概也是在1850年代前后，美国也逐渐兴起了在居民家庭内部的房间里安装金属（铅）管道，以便向室内的洗涤槽、浴室和抽水马桶供水。当时美国城市的精英和统治阶层相信，供水和排水系统才是人们真正地可以从"城市病"中获得就赎的关键。但即便如此，安装管道系统的社区仍然增加缓慢，从1840年的50个，到1870年也才增加到240个。不过，自1870年以后，抽水马桶确实是迅速地在美国流行开来，其数量呈现出几何数量的增长趋势，人们越来越把安装抽水马桶、浴缸和水泵，视为是改革和提高美国家居生活质量之现代化努力的一部分。[1]伴随着下水处理技术的日益进步和坐便器在欧美世界的发展，遂使得"室内卫生间"的设置成为可能，于是，集洗漱、排泄、入浴等于一体的"卫生间"便成为人类居室文明的最重要环节，逐渐地在全世界普及开来。

正是由于城市出现了一体化的排污系统工程，才使得抽水马桶的普及具有了革命性的意义，并成为西方现代文明的象征之一。在20世纪以来的一百多年里，伴随着欧洲国家和美国在全球化进程中的强势地位，抽水马桶与下水系统作为现代公共卫生的标准设施，逐渐扩展到全世界几乎所有的

---

① 〔美〕霍丁·卡特：《马桶的历史——管子工如何拯救文明》（汤加芳译），第93—94页。

城市之中。也正是在这个"文明化"的进程中，东亚农耕社会基于对自然粪肥资源的珍重而确立起来的厕所文化，也因为城市化的发展、工业化的成长（例如，化肥工业）、农业的变革，当然还有殖民主义统治下的歧视和强制等原因，而逐渐趋于衰落，最终也被统合进由欧美卫生科学所定义的现代公共卫生的制度和文化之中了。

当然，人类厕所文明的进化并非只在欧美世界才有显现，其实在东亚的日本和中国，也曾经是分别有所进展的，只是现代厕所文明的突破性提升，确实是在欧美而不是在东亚或其他任何文明区域内发生的。虽然中国早在汉代，就有"陶厕"文物证明已经出现了区分男女的厕所，但直到当下在很多地方的农村，厕所仍是不区分男女的；虽然在宋朝时的汴梁就已经出现了专人管理的公厕，但直至眼下，中国公共厕所的管理水平依然有待提高；虽然中国在清朝嘉庆年间就已经出现了收费厕所，但直至不久前，中国不少城市的收费厕所仍然面临部分市民的诟病和不满。厕所文明的演化就是这样，充斥着复杂性和不平衡，存在着很多的曲折、停滞和反复，但无论如何，正是上述所有这些点滴变化的积累，最终汇合成为人类厕所文明之具有整体性演化的基本走向和主导趋势。必须承认的是，这一基本走向和主导性的趋势最早是在欧美形成的。

第二节 埃利亚斯的理论

人类厕所文明的演化，不仅伴随着排泄设施的进步、下水道系统的整备以及卫生科学对于细菌的发现等等，还始终伴随着个人排泄行为、个人卫生习惯的变迁和"文明化"历程。德国学者诺贝特·埃利亚斯在其大作《文明的进程——文明的社会起源和心理起源的研究》中指出，所谓"文明"，就是指共同的东西，是指一个过程或过程的结果，它始终在运动着，在"前进"中，而其趋势便是使得各民族之间的差异逐渐减少。在这个"文明化"的过程中，人们试图驱逐一切可能使他们联想到自己身上"兽性"亦即动物性的感觉，例如，1530 年在欧洲出版的据说是由荷兰哲学家伊拉斯谟（Desiderius Erasmus）编撰的《男孩的礼貌教育》一书，曾经在 16—17 世纪的欧洲流传甚广，其中就列有诸多人为设定的规矩，诸如别人大小便时不要打招呼、用咳嗽声掩饰放屁的声音、不能当别人面大小便等等；后来，这些规矩甚至发展到不应该在完事之后，在别人面前洗手，以免让人联想到肮脏的场面。①

　　的确，此类狭义的"文明扩展"，首先是在西方内部，历经数百年之久的文明运动，最终所形成的建制与行为标准等，随后又在西方境外逐渐扩展开来。通过此类"文明化"的行为方式之在其他地区的扩展，这些地区也就不知不觉地被纳入到了一个更大的以西方为霸权和中心的世界性网络之中。于是，这样的文明，同时也就成为西方区别于其他地方，

---

① 〔德〕诺贝特·埃利亚斯：《文明的进程——文明的社会起源和心理起源的研究》（王佩莉译），第一卷"西方国家世俗上层行为的变化"，第 63 页、第 207 页、第 219—220 页。

并赋予自身优越性的标志。[①] 这种优越感的思想根深蒂固，至今依然绵延不绝。大概也是在这个逻辑的延长线上，曾经在美国圣迭戈大学教授过关于"如厕文化"课程的人类学家弗朗切斯卡·布瑞，很自然地就为美国的洁具制造技术在全世界最好而备感骄傲，认为它"处在人类进化和文明进程的最高端"[②]。

在诺贝特·埃利亚斯看来，此类文明的进程，并不是高瞻远瞩或精心策划的结果，而只是人们的行为和感觉在朝着某一方向上的改变及其积累。也就是说，西方某些"文明"的行为方式，并非与生俱来，而是在西方社会所经历的几百年文明化的进程当中，体现在其社会中每一个人身上习得性的结果，包括正在成长中的人，他们从小就程度不同地、机械地经历着的个人生活中此种文明的成长进程。[③] 埃利亚斯反复强调，文明并非人类"理智"的产物，而是在某些外部强制和自我控制之下，个人的情感及所有行为的变化不断地积累起来，朝向着日趋严格和细腻的方向发展。这意味着文明的进程是长期的社会发展过程，它朝向一个既定的方向。埃利亚斯深刻地揭示出，文明进程的特色与机制，便是各种外来强制逐渐地被内化，变成自我强制和自我控制，从而促使人类的本能性事务（性与排泄等）被一一排挤到社会生活

① 〔德〕诺贝特·埃利亚斯：《文明的进程——文明的社会起源和心理起源的研究》（袁志英译），第二卷 社会变迁 文明论纲，第275页、第277页。

② 〔英〕罗斯·乔治：《厕所决定健康——粪便、公共卫生与人类世界》（吴文忠、李丹莉译），第39页。

③ 〔德〕诺贝特·埃利亚斯：《文明的进程——文明的社会起源和心理起源的研究》（王佩莉译），第一卷 "西方国家世俗上层行为的变化"，第51页。

的后台，并深深地蒙上了羞耻感。于是，人们对于排泄和性之类本能的自我监督和控制便日趋细密和严格。[1] 以这类对于难堪的恐惧和羞耻心为动力的机制，自我强制的情感模式和行为方式，遂不断地被合理化。不言而喻，文明西方自身的下层民众也是如此，他们同样也是逐渐地在外部强制的压力之下，通过自我强制的机制而变得比过去更文明了。

埃利亚斯的理论看起来似乎并不那么高深，但它却比较适合用来讨论"厕所文明"的全球化进程。对于诸如厕所之类经常会被正统史学所无视的琐碎的现象，除了埃利亚斯的理论之外，法国历史学家费尔南·布罗代尔（Fernand Braudel）提出的著名的"长时段"理论，也非常值得参考。布罗代尔在其《十五至十八世纪的物质文明、经济和资本主义》[2] 一书中，把衣食住用行等很多琐碎的、不起眼的和初看起来被认为是没有多大价值的事象，置于一个较长时段的时间框架内，从而发现了它们的积累及其变迁所具有的历史意义。在布罗代尔看来，不同社会阶层的人们吃饭、穿衣、居住等永远都是彼此关联的重要课题。的确，若是在较长时段和更大规模的区域等框架之下，重新思考那些看起来似乎并不是那么重要的事象，例如，排泄和厕所及其周边的相关事象，就有可能窥见此前未知的很多新的厕所文明之逐渐进

---

[1] 〔德〕诺贝特·埃利亚斯：《文明的进程——文明的社会起源和心理起源的研究》（袁志英译），第二卷 社会变迁 文明论纲，第 251–252 页。

[2] 〔法〕费尔南·布罗代尔：《十五至十八世纪的物质文明、经济和资本主义（第一卷）——日常生活的结构：可能和不可能》（顾良、施康强译），商务印书馆，2017 年 7 月。

化而来的轨迹，而这些轨迹对于我们理解人类社会文明的发展，亦是至关重要的。

在人类自身身体的洁净观念方面，大约在17—18世纪，欧洲地区逐渐地从关注人体裸露的部分，演变到集中于人体的隐私部位。而且，从18世纪开始迅速成长起来的中产阶级，不仅对于人的身体非常敏感，同时还对其日常生活中各种外部的污染物日趋敏感：脏水、浊气、身体的污垢，当然也包括排泄物，尤其是都市的污水和空气日益成为人们关注的焦点。到了19世纪，欧美很多城市的高级住宅开始配备专用的卫生间，卫浴设施这一新兴行业迅速发展，与此相关的洁净观，恰好是和19世纪后期逐渐成为西方医学主流的"细菌论"相互契合。于是，净化、消毒、杀菌，慢慢地就成为西方人士预防疾病的标准性生活习惯[①]。接下来，这种全新的洁净观和生活习惯，先是从欧洲的上层社会，扩散到西方各国的底层社会，再到殖民主义背景下要求被征服民族的"文明化"，便逐渐在全球范围内蔓延开来。在这个漫长、复杂的过程中，一方面是西方殖民者以"文明"为旗号，努力不懈地促使其他地区或民族的人们符合或接近于他们自己的文明标准，由于西方殖民者是要将其他地区或民族纳入自己作为宗主国或上等国家的全球化分工网络之中，使之作为劳工或消费者，自然也就倾向于要求被征服者也能够按照西方人的标准实现"文明化"；另一方面，处于"野蛮"、前近代

---

① 梁其姿："医疗史与中国'现代性'问题"，载余新忠、杜丽红主编：《医疗、社会与文化读本》，北京大学出版社，2013年1月，第109-131页。

或被认为尚不够那么文明之状态中的人们，则会因为被歧视而感到愤怒、难堪、羞耻，抑或羡慕、嫉妒，或消极抵触，或积极靠拢，这便是埃利亚斯所说的那种将外来行为模式带来的强制性内化为自我控制和强制，进而朝着"文明化"的方向努力的情形。

虽然一直以来被认为"落后"、"停滞"的东方在"厕所文明"的发展上并非毫无成就，但我们还是必须承认抽水马桶和大规模的下水处理系统，基本上是欧洲工业革命的产物。伴随着欧美的殖民主义扩张，其厕所文明的影响也开始扩展到他们所征服的殖民地国家和地区。关于殖民主义的"遗产"，究竟应该如何去评价它，这个问题在海内外的学术界存在着巨大的分歧，这主要是由于殖民主义在全球的扩张，既导致了残酷的征服、压迫、榨取和种族歧视，同时也导致了所谓"现代性"的扩展与成长。殖民主义／帝国主义和"现代性"密切相关，但是，它们的意义在当代的很多研究者看来，却是截然不同的，前者经常被否定，后者则经常被肯定，这就形成了很多难以澄清的纠结①。由于不同的宗主国在经营其各自的殖民地时，不仅需要面对非常不同的文化、在地资源以及环境等，同时，他们所采取的制度或政策的差异，也都会对殖民地独立以后的发展路径产生一定的影响，因此，其殖民主义的"遗产"也自然不尽相同。所以，对于殖民主义的相关问题，需要根据其复杂的历史背景和具体的史实予

---

① 梁其姿："医疗史与中国'现代性'问题"，余新忠、杜丽红主编：《医疗、社会与文化读本》，第109–131页。

以冷静的分析。例如，涉及西式厕所文明在殖民地的扩张和成长，就是一个非常复杂的课题。

近些年来，中国的"厕所革命"受到了国际社会的普遍关注，西方发达国家的主流媒体纷纷报道跟进，认为中国的努力为全世界发展中国家的厕所"文明化"，提供了可供借鉴、复制和推广的实践性案例。长期致力于全球环境卫生事业的美国盖茨基金会，2016年曾主动提出要和中国合作举办"厕所技术创新大赛"、"厕所革命"研讨会和厕所革命技术展等活动，所有这些都意味着，中国主动介入全球性的"厕所文明"化进程，这在西方或国际社会是备受欢迎的。尽管当下中国的厕所革命，是在完全摆脱了殖民主义和帝国主义控制之后民族国家的主体性文化实践，但如果我们仔细分析其内涵和过程，也就不难发现，类似埃利亚斯所揭示的那个"文明化"历史进程的机制和方向，依然基本上是为中国的厕所革命所遵循的；换言之，当下中国的厕所革命，某种程度上，也是全人类的厕所文明化进程之在中国的进一步拓展和深化。

第三节 隔离、歧视与殖民主义的卫生统治

如果在此暂且将殖民主义统治带来的创痛和灾难暂时悬置，而将问题聚焦于各殖民地当局对其殖民地的卫生统治，那么，我们也就必须承认，殖民主义在世界各地逐渐确立起近现代卫生科学的医疗体制和防疫观念的努力，其实是颇为符合或能够较好地印证福柯有关权力与技术、知识之间关系

的分析。与此同时，经由卫生统治，也在不断地建构和强化着宗主国殖民者对于本地民众的优越感和歧视。早期传教士们的活动，一直就有通过改善当地的医疗和教育，以其卫生科学的成就，提升"上帝"对于在地民众之吸引力的诸多尝试；伴随着西欧工业革命的成就，在殖民主义者们后来用于其统治的制度和技术当中，始终就包括当时最为先进的医疗卫生科学；在其所谓理性化的殖民地官僚体制当中，也始终包括了对于当地民众的防疫监控体制。通过对西方先进的医疗科学和卫生观念的移植和普及，被殖民的在地居民的卫生状况也逐渐地发生了缓慢但明确的变化，只是在这个过程中，殖民地国家或地区本土的包括各种巫医形态的传统医疗遭到了打压、蔑视甚或摧毁。

殖民主义卫生统治的特点之一，还在于它通过切断霍乱等传染性疾病的传播路径，而为在殖民地建构宗主国殖民者和在地居民之间的隔离制度提供所谓的理论依据，但隔离的目的无非是使"健康"的欧洲殖民政权远离"肮脏"的殖民地本地居民，殖民地官员优先努力做的事情，往往就是把健康的殖民地（外国）居民区和污秽、肮脏的本土人区隔开来[①]。于是，那些被边缘化的本土人社群，也就被置于更加不卫生和更加容易传染疾病的环境之中，他们能够获得的医疗保健或救助则少得可怜。在很多殖民地或半殖民地的城市里，当局往往以"卫生"为理据，甚或特意通过"洁净与污

---

① 〔美〕詹姆斯·A.特罗斯特：《流行病与文化》（刘新建、刘新义译），第104页。

秽"的分类,来对城市做出隔离性区划,进而相对于本土文化和在地居民,建构并维持出宗主国"文明"的优越感,这几乎形成了一个固定的套路。例如,在旧中国的香港等殖民地,以及在上海、天津、青岛等半殖民地城市,每当鼠疫之类的疫病发生,往往就会引发对于本地华人的隔离与广泛歧视。

殖民地当局的卫生统治,首先是要确保殖民者或其集中居住的社区,优先获得最为安全和完备的卫生防疫设施,从而它总是倾向于先是把在地的更为广大的民众排除在外,随后才逐渐地将其纳入整个殖民地卫生统治的秩序之内。几乎在所有的殖民地城市,都是将殖民者集中居住的地区(例如,租界等)和周边在地居民的社区予以区隔,这样的结构显然意味着一种基于歧视的制度性安排。例如,在笃信"种族卫生学"的德国殖民者统治之下的青岛,就曾对德国人和中国人采取了等级划分与隔离对待的政策,属于"高等种族"的德国人住在市中心的西人区,而被目为"低等种族"的中国人则住在大鲍岛等华人区,这样做的目的,主要是因为"尤其可以避免中国居民用过的脏水流经欧洲人居住的地方,这些脏水往往会产生极大的危害"[1]。也因此,当时较为现代化的下水道等城建设施,主要只分布在西人区,而"低等、肮脏、粗糙、危险"的华人区是无从享受的。

非常吊诡的是,中国社会近些年来却产生了一些"谣传",

---

[1] 〔德〕余凯思:《在模范殖民地胶州湾的统治与抵抗:1897—1914年战国与德国的相互作用》(孙立新译),山东大学出版社,2005年1月,第275页,第315–334页。

对当年由德国人建设的下水道赞赏有加，这些谣言往往忽略了青岛早期的那些下水道原本乃是种族隔离的产物，对其只存在于西人区的现实视而不见。滋生此类谣言的社会背景，部分地包括那些残存至今的殖民地时代的痕迹，现在已经演变成为可以满足怀旧消费的具有异国情调的文化遗产或其景观。有学者对"青岛德式下水道谣言"的研究业已表明，这类谣言的产生，其实是和下水道作为西方现代文明的重要象征密切相关的，在这类谣言的传播过程当中，除了对西方的某些想象，还内涵着对自我文化的反思，亦即自省意味的文化批评。[①]虽然从考古学的一些遗迹来看，中国古代都市在下水处理方面也曾经有过一定的成就，但现代城市较为完备的下水道系统则大约是在 19 世纪，才逐渐兴起于欧美等率先迈向工业化的国家，它的出现和普及的确是极大地提升了城市公共卫生的水平，有效地减缓了传染性疾病例如疟疾等对于城市居民的侵害。经由上水道对洁净用水的保障和下水道对居民排泄物的处理，"秽物"大多被隐藏起来，这便成为西方现代化城市文明以及城市现代性的显著特征。[②]对于绝大多数殖民地国家的人民而言，这样的下水道系统作为西方现代文明的象征，是在殖民主义的全球化扩张中"舶来"的，它为城市或其局部创造出清洁的环境，但它自身却又必须是被尽可能地隐匿起来的。

---

① 张岩、祝鹏程："青岛德式下水道：一则谣言背后的中西想象"，《民俗研究》2016 年第 3 期。

② 〔美〕罗芙芸：《卫生的现代性：中国通商口岸卫生与疾病的含义》（向磊译），江苏人民出版社，2007 年 8 月，第 237 页。

类似青岛那样的现象绝非孤例。例如，在中国的台湾、香港和上海、天津等地的公共厕所状况以及相应的城市公共卫生，也大都曾经程度不等地受到殖民主义卫生统治的影响。早在清朝末年，"庚子事变"之后控制了北京各区的洋人，就曾对市民的街巷出恭或泼倒净桶实行了严格的管控，对于违反者常以殴打和羞辱来惩罚[1]。天津在 1900 年 6 月，被八国联军攻陷，同年 7 月占领当局成立临时政府，亦即所谓"都统衙门"，到 1902 年 8 月由袁世凯接管，在这两年期间，都统衙门基本上采取的就是卫生统治[2]。当时在欧洲的伦敦、巴黎等现代城市，已经确立了近代化的大型排污系统，自来水和抽水马桶已经初步普及，细菌学和寄生虫学等科学知识也正在成为公众的常识，亦即已经初步完成了一场"公共卫生革命"。但在当时的天津，占领当局面临的却是中国公众完全缺乏公共环境卫生的理念，生活习惯中存在诸如随地便溺、饮用水不洁、粪夫收集粪便供粪厂晒粪等现象，于是殖民政府的基本策略就是强化公共卫生管制。都统衙门下设的七个常设机构之一即为卫生局，卫生局主要依靠法国军医和日本军医，对公共卫生进行管制。当时颁行的《天津城行政条例》，就体现了殖民政府采取卫生防疫措施，预防发生流行性疾病和其他病患的强烈意向。1901 年 3 月制定的《洁净地方章程五条》规定，都统衙门悬挂木牌，指定一些地点为

---

[1] 周连春：《雪隐寻踪——厕所的历史、经济、风俗》，安徽人民出版社，2005 年 1 月，第 40 页。

[2] 任云兰："都统衙门时期天津公共环境卫生管理初探"，《天津社会科学》2009 年第 6 期。

倾倒秽物处，市民不得将秽物倾倒在院内、路边和河边，违者严惩。居民区附近不准开设粪厂，如欲设立，则必须在城外相距民房四十丈以外方可。后因1902年春天的霍乱流行，夏季又推出了《五条卫生章程》规定，居民饮水必须使用开水，蔬菜等必须煮熟才能吃，手指、身体必须保持清洁；遇到霍乱症状，必须及时报告；居民厕所及秽物堆积处，均必须倾洒石灰。① 此外，在改善城市排污系统、修建"官厕"，规范人们的"出恭"行为等方面，都统衙门也做了不少努力。对于常被华人视为小节的随地便溺行为的严格取缔和处罚，经常是通过刺刀和拳脚来推行的②，故也激起了不少抵抗和反感。当时就连一些士绅对此也无法理解，直接把它定调为"民族矛盾"，认为这是对华人的"羞辱"与"欺侮"③。总之，殖民当局的卫生统治令在地居民备感羞辱，但也因此逐渐确立起了一些城市公共卫生管理方面的制度，多少强化了一些来自西方的公共卫生观念，而这些随后也都被袁世凯执政天津时所承袭。

当香港媒体和少数有心人士故意渲染大陆游客所带小孩在当街小便的情形时，他们或许不会相信大约在150多年前，港英政府曾针对香港华人下令，禁止随地便溺。当时的港人

---

① 汪寿松、郝克路、王培利、刘海岩编：《八国联军占领实录——天津临时政府会议纪要》（倪瑞英等译），天津社会科学院出版社，2004年12月，第813页、第835页。

② 任吉东、愿惠群："卫生话语下的城市粪溺问题——以近代天津为例"，《福建论坛（人文社会科学版）》2014年第3期。

③ 任云兰："都统衙门时期天津公共环境卫生管理初探"，《天津社会科学》2009年第6期。

并不具备如今的公共卫生习惯，可以说"屙屎巷"曾遍布全港。英国工程师奥斯瓦尔德·查德威克于1881年对太平山等华人居住地的考察报告中提到，香港当时通行的粪便处理方法，是采用中国传统的运粪桶，淘粪工用手处理粪便，没有消毒，没有除臭；但当时香港的欧洲人住宅区却已经配备了冲水厕所和下水系统。

香港的空间隔离最早表现为恐惧湿热瘴气的欧洲人多占据山顶，而把缺乏规划的山脚港口一带，留给了习惯于"拥挤空间"且"对瘟疫免疫"的华人。1871年，香港动植物公园开放，但当初它只对欧洲人开放，是一个供西方居民散步或参加夏日音乐会的休闲区域。1894年，太平山地区爆发了鼠疫，导致数千人死亡，而华人被认为"肮脏"的生活习惯，以及频繁来往于粤港的人流和船只等，被说成是鼠疫爆发和传播的最大原因。港英政府根据英国本土的做法，在香港全境颁布了《防疫条例》，但此前其适用范围是并不包括华人社区在内的。港英政府应对1894年鼠疫的方法，就是以强制隔离的方式对居民进行清洗，例如，将太平山街一带的土地紧急收回，房屋全部拆除，迫使数千人全部迁出，然后在华人迁去的街区，修建了香港最早的现代公共厕所和浴室。当然，这种以隔离为基调的政策，也曾经引发了华人的不满与抵制。除了强化对华人社区的隔离之外，有人指出，这场鼠疫的直接后果还使得西医最终确立了在香港的权威地位，不言而喻，伴随着西医的确立，自然便是西式卫生观念的逐渐普及。

1895年甲午战争之后，日本获得了台湾作为其新的殖民地。台湾总督府成立不久，马上就在 1896 年 10 月颁布《传染病预防规则》，其目的除了确保殖民者进入新殖民地时的卫生安全，还显示出通过卫生进行殖民统治的明确意向①。殖民主义当局以日本人的清洁为优越，同时对于当时台湾的卫生环境则深感恐惧。1897 年 5 月 7 日，因为殖民当局严格地取缔随地大小便，并通过罚则强制执行，台湾居民詹振和林李成在发动反日起义时曾经发布檄文，历数日本殖民者的十大罪状，其中第七项即为"放尿要罚钱"。这个例子可以说是台湾民众对于日本殖民当局所实行的医疗卫生统治的反抗。1898 年 3 月，儿玉源太郎就任台湾总督，后藤新平就任殖民政府的民政局长，他们把"恶疫"和所谓"土匪"、"生番"等列为殖民统治的大碍，提出了所谓建立在"生物学的基础"之上的统治方针②，此处所谓生物学的基础，亦即"科学生活方式"的增进，如殖产、兴业、卫生、教育、交通及警察等。显然，这种基于生物学基础的殖民主义理论，其实就包括了我们所说的"卫生统治"在内，同时也内涵着种族主义式的优越感。例如，虽然在那个时代，殖民台湾的日本人也有随地大小便的类似习惯③，但当局对日本人只字不提，

① 刘士永："'清洁''卫生'与'保健'——日治时期台湾社会公共卫生观念之转变"，余新忠、杜丽红主编：《医疗、社会与文化读本》，北京大学出版社，2013 年 1 月，第 403–438 页。

② 张隆志："从'旧惯'到'民俗'：台湾近代知识生产与殖民地台湾的文化政治"，《台湾文学研究集刊》第二期，台湾大学台湾文学研究所，2006 年 11 月，第 33–58 页。

③ 董宜秋：《帝国与便所：日治时期台湾便所兴建及污物处理》，台湾古籍出版有限公司，2005 年 10 月，第 27–28 页。

而一味地渲染和强调台湾人的不洁。面对大体同样的环境，日本人的伤寒患病率也确实高于台湾人，这主要是由于日本人喜好生食的饮食习惯使然。[①] 当时的殖民政府曾不断地提醒赴台日本人改为熟食，但收效甚微，遂只好下决心改善"便所"。

台湾人的传统习惯是以在房间里放"屎尿桶"（马桶）为方便，故对于在房间内设置厕所不很配合；或即便是在庭院里设置了厕所，日常生活中却仍然不会放弃马桶[②]。值得指出的是，虽然殖民主义当局强制性的便所设置和管理，其最为主要和直接的目的，是要建立适宜于日本人居住的生活空间[③]，但在这个过程当中，也确实促使台湾人的传统卫生习惯逐渐地发生了改变；虽然台湾本地居民曾经有所抵制，但厕所的实际状况因为"文明化"而得到改善，却也是不争的事实。还有学者经研究发现，日本殖民者后来在中国东北所谓"满洲国"及邻近的蒙疆地区，也曾经通过强力的官僚体制，推行过类似的以提升卫生和教育为主要内容的统治方略。

在旧上海，西人租界的公共卫生事业，也主要是围绕着殖民者自身的公共健康需求，以欧美人为服务对象而建构的，这一点和日本殖民者在台湾的作为颇为相似。居住在租界的殖民者们，多视中国人为天然"不洁"的民族，他们认

---

① 董宜秋：《帝国与便所：日治时期台湾便所兴建及污物处理》，台湾古籍出版有限公司，2005年10月，第56-57页、第161页。

② 同上书，第159-161页。

③ 同上书，第12页。

为，华界缺乏卫生思想，不识微生物之害人，不知传染病为何事，不守卫生规矩，所以，才导致瘟疫一年四季不断。[①]于是，租界的卫生状况往往就成为他们阐明西方文明之优越的依据，甚或把公共卫生状况的差别，扩大解释为西方"文明"的城市和东方"堕落"的城市之间的区别性标志[②]。殖民主义当局的这类逻辑往往还会很自然地扩展到气味和嗅觉等层面，他们以近现代西方人的嗅觉规范去描述和指责中国的"恶臭"，并通过各种"防臭"的方式[③]，以展示其优越感、力量和对于当地居民的偏见。在英国文化人类学家道格拉斯相关理论的延长线上，人类学尤其是"感官人类学"早已深刻地揭示出，人类的味觉和嗅觉也能够被用来制造社会的界限与隔离[④]，正如"洁净与污秽"的观念也经常被用来建构族群的边际一样。在很多时候，比起某些气味的难闻程度而言，更重要的是（例如，支撑殖民主义者优越感的）某种文化将其定义为难闻，于是，嗅觉等就不仅仅只是理解气味等物理现象的手段，它往往也成为传达文化优越感或其价值观的渠道。

殖民主义的全球化扩张对于近代中国的影响是极为复杂

---

① 彭善民：《公共卫生与上海都市文明（1898—1949）》，第 82–84 页。

② 同上书，第 12–13 页。

③ Xuelei HUANG, Deodorizing China: Odour, ordure, and colonial (dis) order in Shanghai, 1840s–1940s, *Modern Asian Studies*, Volume 50, Issue 03/May 2016, pp. 1092–1122.

④ 〔美〕麦克尔·赫兹菲尔德（Michael Herzfeld）：《什么是人类常识——社会和文化领域中的人类学理论实践》（刘珩、石毅、李昌银译），华夏出版社，2005 年 10 月，第 268–269 页、第 274–275 页。

的，若仅仅局限于就事论事，则上海作为中国代表性的"半殖民地"城市，当时租界在包括污水排放、饮水安全、传染病防止等公共卫生领域，确实是领先全国的[1]。例如，上海公共厕所的变迁过程，经常就是由"租界"发挥着主导和引领的作用，因为其在公共厕所建造的质量和清洁管理等方面，确实是要优于"华界"。一是出现有早晚，前者为后者提供了学习的样板；二是管理有差异，租界和华界的卫生状况，也因此形成了比较鲜明的对照。租界在公共卫生方面的建树，自然也引起华界的模仿，于是，租界就成为一个"文明"的示范和刺激[2]；华界的积极效仿取得了一定的成功，则意味着"文明"的扩展。不仅如此，华界随后在公共厕所等公共事业的市场化运营、社会化治理等方面，也不断地做出了一些新的探索，在这个过程中，也有很多市民和社团不同程度的参与。正如彭善民指出的那样，近代上海公共卫生的进化，既是租界卫生示范及刺激和上海都市自身发展所需求的产物，也是国家和民众的民族意识与文明意识逐渐觉醒的进程。[3] 在这里，他是把"文明"理解为以城市为载体，而公共卫生则是"文明"的基本属性，所以，公共卫生的状况很自然地就成为城市文明程度的一种检验标准。

　　最早赴欧洲见识到抽水马桶的志刚，曾经把它描述为"白瓷盆"。西式冲水马桶传入中国大概也是在清末，但最早接

---

[1]　何小莲："论中国公共卫生事业近代化之滥觞"，《学术月刊》2003年第2期。

[2]　彭善民：《公共卫生与上海都市文明（1898—1949）》，第40-41页、第105-109页。

[3]　同上书，第290-299页。

受它的并不是皇室，而是那些华洋杂处的上海富商或是买办。大约从 20 世纪 10—20 年代起，在当时中国一些上层人士的家里，也开始出现了设置西式的浴缸和便具的情形；1930 年代，在上海、天津、广州等一些沿海城市，新建的"花园洋房"、公寓式住宅或新式里弄住宅等洋式建筑，亦开始导入"马桶间"。在上海，人们曾经把浴缸、抽水马桶和洗脸盆等配套齐全的空间，称为"大卫生"，而把仅有抽水马桶的空间称为"小卫生"。① 近代上海的公共厕所，在 1950 年代之前，曾经有过"公设"和"私设"之分。由于粪尿曾经是重要的资源，故有私人眼红，设"私厕"主要是为了营利。在当时，尚颇为有限的公共厕所的设置，其实也是与这个日渐国际化的大都市的面子及形象有关，因为国际人士的来往日增，使得不少市民认为不堪的环境实在"有失国体"。在这里，似乎可以说对于事关大众卫生健康的公共厕所问题，中外人士对于"文明"的理解是相对比较容易达成一致的，但也毋庸讳言的是，这同时也是一个明显地存在着如埃利亚斯所说的那种将外部强制"内化"为自我强制的过程。

近代以来，以沿海大中城市为策源地，一系列旨在改变国人生活方式的"文明化"运动始终络绎不绝，虽然这些运动往往具有不尽相同的历史情景和各有特色的意识形态依据，但仔细斟酌起来，它们又都不外乎是那许许多多早已经被西方世界确定了是属于"文明"的行为规范，其中就包括

---

① 仲富兰：《图说中国百年社会生活变迁——服饰、饮食、居住》，学林出版社，2001 年 12 月，第 212 页。

对于普罗大众的涉及身体的规范（举止、言行、管理排泄行为）。诸如"不得随地大小便"之类已被确认为是"文明"的行为规范，经由各类卫生"运动"的外在强制属性，以各种形式不断扩展其在中国社会的存在感，并通过内化为一般人民的自觉而导致形成了确定无疑的"文明化"的方向性。

第九章 "厕所文明"在东亚的成长

近100多年来，"厕所文明"在东亚各国及地区的扩展，正是各相关国家及地区在西方所谓"文明"的行为准则积累的方向上不断致力于变革的过程和结果。率先在东亚完成"厕所革命"的国家是日本，它现在可以说已经超越了欧美各国，成为全世界"厕所文明"最为高度发达的国家之一，也因此，长期以来日本在这方面一直是领先于东亚各国与地区。"厕所文明"在日本的成长，大体上也经历了从农业时代向工业文明和城市化时代的转换过程；经历了从曾经亦被西方歧视的状态到后来居上并引领东亚的格局；经历了从早期在各殖民地强制推行"卫生"统治、极度贬低和藐视殖民地人民，以建构自身优越感的姿态，到战后和平主义时代积极地参与发起和组织"世界厕所组织"的各项活动，并提供示范和做出了很多贡献的转变。

第一节　遥遥领先的日本

在江户时代的日本，往往是几户共用一个厕所，当时很

182

多"长屋"所设置的共同厕所，总是会有周边乡下的农民前来汲取"下肥"。在农耕文明的时代，日本各地的大小都市也和东亚其他国家或地区的城市一样，形成了围绕着人粪尿的城乡供需关系，以至于很多前来淘粪的乡民，需要向城里人支付某些酬金，或以部分农副产品作为象征性的礼物。1877年，美国人莫斯（Edward Sylvester Morse）曾来访日本，搜集了很多民具器物，他对明治时期当时的厕所有较为详细的记录，并对乡下农民前来换取城里人的排泄物做肥料感到非常惊讶，但莫斯本人并没有偏见，他曾经很是赞赏日本厕所清扫的清洁程度（图24）[①]。大约到大正时代的后期，人粪尿的价值才开始发生变化，慢慢地不再那么值钱了，这主要是因为都市化的进展导致情形逐渐发生了逆转，与此同时，化学肥料也开始大量生产，这就使得人粪尿的经济价值更加迅速地贬值。[②] 在东京，基本上是从1923年的"关东大地震"之后，乡下人渐渐地就不再来城里淘粪了。这一方面是因为道路损毁，其实更深刻的原因还是由于都市化。[③] 随后，越来越多的城市也都逐渐地不得不花钱拜请专门的人员来淘粪和处理城里人的排泄物了。昭和初年，东京的淘粪职业曾被叫作"污秽屋"，他们收取市民的费用而为其清理厕所的堆积物，虽然其前身很可能就是周围郊区的农民，其工作早先

[①] 〔日〕妹尾河童：《窥视厕所》（林皎碧、蔡明玲译），生活·读书·新知三联书店，2011年6月，第157–158页。

[②] 黑川義雄：「大正時代の混乱」、礫川全次編著：『糞尿の民俗学』、批評社、1996年10月、第252–256页。

[③] 〔日〕妹尾河童：《窥视厕所》（林皎碧、蔡明玲译），第157–159页。

也曾经是城乡关系的一部分，但他们并不是贱民，只是因为和粪尿打交道而被城里人所歧视，甚至也有人把他们误解为"贱民"的情形。①

莫斯的素描（日光附近旅馆的厕所）

图 24　莫斯素描的日式厕所

（引自妹尾河童《窥视厕所》，第 158 页）

虽然日本在接纳西方的抽水马桶之前，其厕所的状况或许并不像中国和韩国等其他东亚农耕文明的国家或地区那么不堪，但其仍然遭受过西人的歧视，同样也受到了西方"厕所文明"的强烈影响。从日本的遣欧使节（岩仓使节团）最初接触到欧式马桶厕所时起，到洋式厕所也成为明治维新时期"文明开化"的一环②，当时的时代风潮，就是一切均以

①　礫川全次編：『厠と排泄の民俗学』、批評社、2003 年 5 月、第 12–19 頁。
②　屎尿・下水研究会編：『トイレ：排泄の空間から見る日本の文化と歴史』、第 36 頁、ミネルヴァ書房、2016 年 10 月。

西洋的样式为好，"文明开化"也包括厕所在内，亦即改和式厕所为"洋式厕所"（图25）[1]。当时，甚至只是为了应对部分外国人对于日本人站着小便这一风习的不满和抱怨，1868年，横滨市便宣布在户外站着小便为非法；1871年，日本政府又发布了对于站着小便的人要当场罚款100文的告示，紧接着在第二年，亦即1872年发布的"违式注违条例"（类似于后来的《轻犯罪法》），更是明令禁止站着小便，禁止搬运无盖的肥桶，等等。也是在这一年，当时的神奈川县发布通知，要求在路边设置"便所"，这类使用"町公所"的公费在街头或十字路口等处建设的"公同便所"（亦即后来的"公众厕所"），确实局部地解决了行人的内急。不过，当时所谓的"公同便所"，其实也是非常简陋的，周边围几块板子，地面下埋入粪樽便是。再往后，横滨出身的商人浅野总一郎在政府的支持下，把很多简陋的"公同便所"改建为"洋式"公厕，并改称其为"共同便所"[2]，据说，他也因此获得了特别的"粪尿汲取权"，从而发了大财。

　　明治政府在欧美近代卫生思想的影响之下，也是较早地在1873年，就设置了政府的医务局，1875年又改名为卫生局，致力于全国公共卫生事业的管理事宜。1900年3月，出台了法律第31号，亦即《污物扫除法》，紧接着，又制定了《污物扫除法施行规则》，从而将粪便处理事宜纳入法制管制的轨道。1927年，当时的内务省卫生局还曾发布过由"内务省

---

① 清水久男：「研究史抄」、大田区立郷土博物館編：『トイレの考古学』、東京美術、1997年5月、第4~7頁。

② 李家正文：『厠まんだら（増補新装版）』、雪華社、1988年5月、第72~74頁。

实验所"制定了"改良便所"的方案，其目的是希望既能够继续"屎尿利用"，同时又能够"预防病原菌和寄生虫"。乍看起来似乎有些自相矛盾，此外，也由于当时提出的"改良便所"方案，通常需要较大的投资，所以它在各地的落实情况，效果并不是很明确。[①] 实际上，1930 年代，在日本很多城市，居民们也曾为没有冲水却安装着铁丝网窗的公共厕所抱怨不止；直到 1970 年代经济实现高速增长之前，各地公共厕所的状况仍时常遭到媒体和民众的诟病。

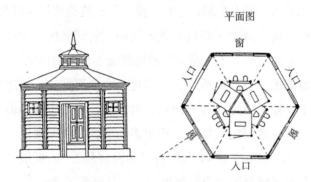

平面图

窗

入口

入口

窗

窗

入口

图 25　明治初年横滨所建的"洋式"公共厕所
（引自大田区立乡土博物馆编《厕所考古学》，第 131 页）

　　第二次世界大战以后，在支撑着日本高速经济增长的公共事业投资中，下水道系统的整备逐渐地取得了决定性的进展。日本民俗学家岩本通弥在研究"现代日常生活"在日本的诞生时指出，1960 年代以降，日本都市住宅小区（团地）里集合住宅的生活方式，由于配备了抽水马桶和浴室的单元

---

① 礫川全次編：『厠と排泄の民俗学』、第 98–99 頁。

住宅，才最终使得一般国民实现了清洁卫生的生活。但是，根据日本政府1962年度"厚生白皮书"提供的数据，当年使用非水洗厕所的人口仍高达80%，且粪尿大多是送到农村或投入海洋，因此，都市里配有水洗厕所和浴室的单元住宅，在当时仍只是很多国民非常向往的生活①。随后，伴随着1970年《下水道法》的改订，日本政府要求在公共下水道得以建成的地区，于3年之内必须全部改厕，实现水洗厕所的普及。1970年代以后，富裕起来的日本社会很自然地对于旧时那种肮脏、幽暗、臭气熏天，甚至令人感到危险的厕所不再满意了，于是，日本社会迅速地致力于实现对卫生设施的升级换代。

伴随着颇为彻底的"生活革命"，日本全国城乡的下水道体系建设获得飞速发展，令人舒适的冲水坐便器也日渐普及。大约从1980年代后期起，技术先进且令人舒适的温水洗净坐便器开始逐渐普及，到2002年时，大约有一半的日本家庭都配备了这种洗净坐便器，这个数据甚至超过了当时拥有电脑的家庭数。洗净坐便器的最大魅力在于，它在普通坐式马桶的基础上附加了许多新的功能，例如，臀部洗净、女性洗净、洗净位置调节、温暖便座、自动除臭、节电，等等。不言而喻，此种智能"卫洗丽"②的发明和普及，彻底实现了如厕的洁净、简单、无味，深受使用者青睐，故到2016年，

---

① 〔日〕岩本通弥："现代日常生活的诞生——以1962年度厚生白皮书为中心"（施尧译），周星、王霄冰主编：《现代民俗学的视野与方向（下）》，商务印书馆，2018年4月，第890-909页。

② Washlet，即多功能智能坐便器，中文译为"卫洗丽"。

其在全国已经达到了 81.2% 的普及率[①]。与此同时，日本各地的公共厕所也日益改观，除了清洁管理比较到位之外，不少公共厕所还不断地增加配套了富于人性化的设备和设施，例如，配备镜子、洗手设施、公用电话、方便母婴或残疾人使用的设施等等，值得称道的还有对如厕者隐私的保护，为此，甚至还开发出拟声装置（所谓"音姬"），以便使得如厕的女性不再因自己排泄的声响而感到有任何的尴尬[②]。

值得一提的是，第二次世界大战后，因为美军的占领，西式坐便器开始进一步在日本普及开来。有日本学者指出，战后日本人生活方式的"美国化"趋向不断发展，遂使得"和式蹲便器"和传统的"汲取式厕所"最终被"洋式坐便器"和"水洗厕所"完全取代。厕所之"和式"和"洋式"的变化，也伴随着人们"清洁观"的改变，例如，"和式厕所"因为伴随着味道，故可使排泄物被人们所意识到，"水洗厕所"由于排泄物迅速被冲走，逐渐地就弱化了人们对排泄物之存在的感觉。值得指出的是，虽然基于"水洗厕所"比较干净和清爽等方面的理由，日本几乎是全面地接受了它，但对它也有所变通，例如，日本一直对排泄和入浴一体化的"欧美式卫生间"顽强抵制，通常在家庭内部是把入浴和排泄分别安排在两个不同的空间里，显然，这是因为日本有着发达

①　屎尿・下水研究会编：『トイレ：排泄の空間から見る日本の文化と歴史』、第 36–42 頁。

②　有些日本女性如厕时，不想让自己"方便"的声音外传，遂多次冲水作为掩饰，从而导致水资源浪费。商家开发出"音姬"亦即模拟冲水马桶的冲水声，既可帮助女性避免尴尬，又可节水。

而又独特的沐浴文化。此外，由于部分日本人对于"坐便器"和身体的直接接触深感不安，所以，长期以来日本一些公共场所往往是采用传统的蹲坑式厕所。[①]但应该说，日本的厕所文化，包括日本人的如厕方式等，在几十年间发生了几乎是天翻地覆的变化。仅仅在 60 年前，日本还是一个蹲坑如厕的国家，现如今日本全国却只有 3% 的厕所是所谓的"和式"，亦即蹲坑式。据说大转折就发生在经济高速增长期最为鼎盛时的 1977 年，统计表明在这一年，日本坐式如厕的人终于超过了蹲式如厕的人。[②]

为了应对国民日常生活在厕所方面的迅速变化和越来越高的需求，日本的洁具公司也实现了超越性的大发展，并为富足时代日本厕所文明的高度化做出了很多贡献。例如，东陶公司（TOTO）在 1980 年代初，先是从美国引进了 Washlet G 系列，但经过随后的长期努力，日本生产的包括洗净功能在内的多功能智能坐便器，高科技含量全球领先。东陶现在已经是世界上排位数一数二的厕所洁具制造商，其产品不仅普及到日本普通的家庭，甚至还出口欧美发达国家，成功地实现了"逆袭"。东陶公司正是以其高科技的"整体卫生间"产品系列确立了业界龙头老大的地位，且其产品的智能化程度一直在不断地提升，现在，也深受中国等新兴大国富裕阶层的追捧，其市场前景非常广阔。

---

① 塩見千賀子、伊藤ちぢ代、生島祥江、石田貴美子：「排泄の文化的考察」、『神戸市看護大学短期大学部紀要』、第 16 号、1997 年 3 月。

② 〔英〕罗斯·乔治：《厕所决定健康——粪便、公共卫生与人类世界》（吴文忠、李丹莉译），第 28 页。

　　由于包括"厕所文明"大提升在内的现代化得以完全实现，日本社会形成了很多全新的"常识"。例如，普通的日本人大多倾向于认为，好的厕所使得人更加像（有尊严感的）人，而真正好的厕所，才意味着真正好的生活。为了维持其"厕所文明"的高度，很多地方的小学就有关于厕所以及如厕行为等方面的教育，甚至还每年举办"少儿厕所研讨会"。在鸟取县的仓吉市，地方政府的口号便是"从厕所建设城市"，亦即彻底地维持高水准的厕所标准，从而把城市建设的底线提得很高。和东亚一些"厕所文明"稍显落后的国家或地区相比较，日本全社会对于"厕所"问题的敏感度很高。1985 年 5 月，"日本厕所协会"正式成立，该协会提出了"创造厕所文化"的口号，致力于通过各社会团体和个人的沟通及合作，以不断完善日本的公厕设施。从 1986 年起，协会确定每年 11 月 10 日为日本的"厕所日"（日语中 11.10 的发音比较接近 ii-to（ire），其寓意为"好的厕所"）；每逢"厕所日"，都要举行涉及厕所问题的专题研讨会，同时公布协会依据清洁、安全和舒适等标准而评选出来的全国"十佳公共厕所"。此外，该协会还设立了基金，用于奖励世界各国独特的厕所设计，目的是为了创造 21 世纪的人类厕所文化。世界卫生组织 2015 年版的《世界卫生统计》报告显示，2014 年日本女性平均寿命 86.83 岁，男性 80.50 岁，均刷新了历史最高纪录，日本人的平均寿命连续 20 多年位居世界第一。应该说，导致日本国民长寿的原因之一，就包括了高质量卫生设施的普及和国民个人良好的清洁习惯。

第二节　"世界厕所组织"（WTO）在亚洲

有学者曾经指出，日本人自古以来，就对厕所空间有许多极其间接和委婉的表现，近代化的进展导致农业使用粪肥的情形急剧减少，再加上全国城乡下水道系统的整备，尤其是冲水式厕所的高度普及，"粪尿"慢慢地就几乎从日常生活中被"排除"殆尽，因此，现代日语中甚至相关的词汇表现也急剧减少，眼下仅在日本人的育儿过程中尚有一些遗存[①]。虽然和日本人的极力回避形成较为鲜明的对照，韩国人在口语中经常会有"粪尿"之类词汇蹦出，其对于厕所空间的描述也相对较为直接，而不像日本人那样迂回和忌讳，但作为一个从"四小龙"之一快速进入发达世界的国家，韩国也非常重视他们的"厕所革命"。

大约是从 1960 年代起，在韩国首都首尔（当时称为汉城），厕所出现了水洗化的浪潮，很快就在全市普及开来，也就是说，在所有集合高层住宅里，使沐浴、排泄一体化的"卫生间"成为标配。但是，在各地的基层农村，传统的厕所和如厕方式仍有较大面积的分布。实际上，直至 20 多年前，韩国社会的公共厕所状况也是不尽人意，甚或是难以描述的，但伴随着 1988 年的汉城奥运会和高度实现都市化发展的进程，韩国社会也开展了多项旨在提高国民素养的运动，包括

---

① 倉石美都：「『くそ』をめぐる韓日文化比較試論」、『比較民俗研究』第 25 号、比較民俗研究会、2011 年 3 月、第 25–43 頁。

致力于提高其厕所文明的各种努力。1999 年 10 月，韩国厕所协会得以正式成立，其目标之一就是要推动韩国公共厕所之卫生状况的大幅度改善和提升。据报道，韩国厕所协会的主要职能有：接受政府有关部门的委托，进行涉及公共卫生间的相关研究；实施公共厕所的品质认证；促进韩国公共厕所之品牌的开发事业；组织开展各种关于厕所问题的学术研讨活动；对公共厕所的管理人员实施培训和教育；征集关于公共厕所的设计创意；对全国的公共厕所实施等级分类制度，等等。

　　进入 21 世纪之后，以韩国和日本联合举办 2002 年世界杯足球赛为契机，韩国社会再次开展了动员广大国民积极参与其中的"美丽厕所运动"[①]。2006 年 4 月，韩国国会还通过了《公共卫生间法》，从而使得韩国厕所协会的各项事业能够有法可依。2009 年 2 月，韩国厕所协会设立了卫生间品质认证委员会，从 2010 年 5 月起，开始实施了公共厕所的评价认证制度，并且每年都公布全国公共厕所的调查结果，从而引起了广泛的社会影响。韩国厕所协会对公共厕所的综合评定，据说是要依据 10 多项评分标准，例如，大便器及周边、小便器及周边、洗手台及周边、地面、门及隔断、墙壁及天棚、照明、换气及是否有异味、建筑物的外部及周边、厕所的标志及干手机、废纸篓及清扫工具等等。经过反复和持续不断的努力，多少受到日本厕所文明之启发和影响的韩国，其厕所文明的水准现在也已经迅速地发展到接近日本的程度。

———————

① 〔韩〕金光彦：《东亚的厕所》（韩在均、金茂韩译），序。

第九章 "厕所文明"在东亚的成长

可以说，在最近数十年间，东亚国家和地区在推动厕所文明方面表现颇为突出，形成了日本遥遥领先，韩国、中国（大陆）等其他国家和地区急起直追的格局。与此同时，厕所问题尤其是公共厕所作为国家形象、作为文明尺度这一认知或理念，也逐渐得以普及，眼下俨然已是东亚各国及地区的昭然共识。1988 年 2 月，在日本东京召开的"国际厕所科学文化研讨会"上，就曾有过"公共厕所是一个国家的象征"之类的表述；而在韩国于不久前得到改良或新建的公共厕所里，经常会有标语写着"卫生间就是国家的脸面"等。这和前述中国眼下正在推展当中的"厕所革命"被说成是"国家文明工程"的说法，几乎是如出一辙。但如果换一个角度来思考，那么，东亚各国及地区的"脸面"或形象，其实也就是被诺贝特·埃利亚斯说破了的那个基于难堪和羞耻的自我强制机制。现代厕所文明在东亚各国及地区的迅速成长，其实是与 20 世纪 80 年代以来，东亚地区的高速经济增长及其伴随而生的社会变迁密切相关。

新加坡商人沈锐华（Jack Sim）先生为响应新加坡总理于 1996 年呼吁人们提高"社会公共道德修养"的号召，遂于 1998 年组建了"新加坡厕所协会"，进而还尝试推进组建全球性厕所组织的计划。在新加坡厕所协会主席沈锐华的倡议、协调和推动下，2001 年 11 月 19 日，第一届世界厕所峰会得以在新加坡会展中心成功举办，来自 30 多个国家和地区的 500 多位代表出席，大家就峰会主题"我们的厕所——过去、现在及未来"召开了广泛讨论。当时，中国北京市旅游局也派代表参加了这次峰会。通过这次峰会，经由新加坡厕所协会、日本厕所协会、韩国厕所协会和中国台湾厕所协会等组织联合发起，一个关心人类厕所和公共卫生问题的国际性非营利组织"世界厕所组织"（World Toilet Organization，英语缩写为WTO），正式创立（图26），总部设在新加坡。世界厕所组织在公开发表的《世界厕所组织峰会宣言》中，确定每年11月19日为"世界厕所日"。2013年，世界厕所组织联合新加坡政府向联合国提交了一份旨在"改善全人类厕所卫生"（Sanitation for All）的议案，建议在每年的"世界厕所日"举行各种活动，号召全球公众一起行动，解决人类的厕所卫生危机。2013年7月24日，在纽约举行的第67届联合国大会上，一致通过将每年11月19日确定为联合国"世界厕所日"（UN World Toilet Day，图27），以便提高全球公众的认知和敦促各国采取行动。

目前，世界厕所组织已经拥有来自177个国家的477个国际会员，它的口号是"关注全球厕所卫生"，基本目标是让每个人无论何时何地都可以使用到安全、卫生的厕所。为此，它致力于通过协调各国和地区的厕所协会或卫生组织之间的交流与合作，努力改善全球所有没有厕所或厕所卫生状况堪忧的国家或地区人民的公共卫生，主张在发展中国家持续不断地推行"厕所革命"。世界厕所组织每年在世界各地不同的国家举办世界厕所峰会，以推动全球性的厕所卫生危机的应对和化解。迄今为止，已经举行的16届世界厕所峰会，有11届是在亚洲各国或地区举办的，除了新加坡，中国、韩国、印度、中国台湾和澳门等国家或地区，成为世界厕所组织最为积极的响应者和参与者，这并非偶然，而是反映了亚洲各

国随着经济的发展而在社会意识和卫生观念等方面的全面
进步。

图 26 "世界厕所组织"的图标

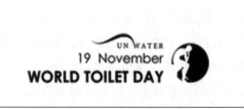

图 27 "联合国世界厕所日"的图标

中国和世界厕所组织建立了非常密切的工作关系,积极
参与了由世界厕所组织主办的许多活动和项目。除了台北和
澳门分别举办了第三届(2003)和第八届(2008)世界厕所
峰会之外,北京和海口则分别举办了第四届(2004)、和第
十一届(2011)世界厕所峰会。2004年11月的第四届峰会,
是由北京市市政管理委员会、北京市旅游局和世界厕所组织
共同主办的,峰会主题为"以人为本,改善生活环境,提高
生活质量",来自15个国家的代表们分别就厕所环境与人
类生活质量的关系、厕所与旅游产业的关系等展开深入讨论。

峰会期间举办了北京厕所建设图片展，并对北京近些年的厕所建设情况进行了考察，据说这次峰会结束后直接或间接地促动了北京和其他中国城市大约4000多所公共厕所的整改。2008年11月在澳门举办的第八届峰会，主题为"通过市场化创举推动可持续发展的公共卫生"，来自40多个国家的代表分别就基础卫生设施改善、防止介水疾病传染、灾难引发的卫生需求和挑战展开讨论。值得一提的是，峰会还为2010年的广州亚运会和上海世博会所可能面临的厕所问题提供了宝贵的意见。2011年11月，由海南省政府与世界厕所组织共同主办的第十一届世界厕所峰会，以"厕所文明：健康、旅游、生活品质"为主题，与会代表分别就21世纪新型公共厕所的设计、公共厕所的运营、城乡卫生的新型解决方案、世界厕所博物馆、绿色制造与厕所文明等议题展开讨论。峰会期间，海南省政府还展示了海南为达成"世界一流"的海岛休闲度假旅游目的地而在改善厕所和卫生条件方面做出的努力及成果。在这次峰会上，世界厕所组织还公布了"世界公共厕所通用设计标准"。由此可知，中国积极参与世界厕所组织的活动，其实是与国内"厕所革命"的议题或进程密切相关的。

除了上述峰会，在中国上海，还分别于2005年和2013年举办了两次"世界公厕论坛"。2005年5月的论坛，是由上海市政府和世界厕所组织联合举办的，旨在为2010年上海世博会的公厕问题提供对策。如何使海内外宾客在上海期间的如厕体验达到国际先进水准，来自18个国家的200多位代表，分别就在建设让生活更加美好的现代城市的进程中，采用更新的城市公厕管理理念、提高公厕管理水平等多方面，进行了深入交流。论坛期间，世界厕所组织和上海市市容环境卫生管理局还联合主办了第一届世界厕所博览会，并出台了《上海公厕管理的基本理念和思路》《上海未来五年的公厕发展规划纲要》等指导性文件。2013 年 4 月的"世界厕所论坛"，由世界厕所组织联合中国清洁联盟以及其他相关行业协会共同举办，期间还同时举办了第十四届中国清洁博览会暨 2013 中国国际公厕环境卫生及技术文化推广展览会。应该说，这些论坛、博览会或清洁卫生产品的展示活动，都程度不等地为中国的"厕所革命"提供了一定的支持。2018 年 3 月，在中国内地的西安举办了"西安·世界厕所工作大会——厕所革命之建设与管理"，由西安市城市管理局主办，西部网、昱庭公益基金会具体承办的这次国际会议，邀请了世界厕所组织作为支持单位，这可被视为中国内陆的地方政府和世界厕所组织进行合作的又一种新形式。大会以"推进厕所革命，共创美好生活"为主题，通过举办主旨演讲、主题论坛等活动，就多项议题展开了深入研讨。西安市也以此次大会为契机，努力汲取厕所建设和管理等方面的国际先进理念和经验，在出台了旅游厕所革命、城镇厕所革命《新三年实施方案》，《农村公共厕所建设改造提升方案》等规划的基础之上，力争到 2020 年实现"景区厕所升级提档"、"城市厕所增量提质"、"农村厕所改造升级"三大具体目标。

尤其值得一提的是，为了配合中国国家领导人习近平在 2015 年 7 月 11 日对提出的中国厕所革命的话题，世界厕所组织从 2015 年 8 月起，加速推动始于 2015 年 2 月的一个实体性公益项目，亦即帮助中国改善农村中小学厕所卫生问题的"彩虹校厕计划"（Rainbow School Toilet），这个项目以河南省为中心，为项目地多所农村学校的数千名师生修建了安全、卫生的冲水式厕所，同时还有计划地为孩子们提供相关的卫生课程和免费的香皂、厕纸等，希望让中国每间学校都拥有清洁卫生的厕所，使每一个学生都养成良好的卫生习惯（图 28）。

图 28　"彩虹校厕"项目的图标

综上所述，虽然厕所文明在东亚各国及地区取得了举世瞩目的成就，尤其在近年的中国，其发展的态势可谓非常迅猛，这其中，世界厕所组织的贡献功不可没。但厕所文明发展的不平衡、不充分，仍是我们面临的基本的事实。世界厕所组织曾将世界各国农村的厕所改革的现状区分为四个级别，卫生厕所的覆盖率或普及率在 75% 以上的为一级，这个比例在 50%–75% 的为二级，25%–50% 的为三级，25% 以下的为四级。以中国农村的实际情形来看,东部一些发达省份达到了一级甚至更高的水平,但也有不少内地农村卫生厕所的普及率较低,大概属于三级的状态。迅速改变这一现状,可以说也正是当前中国力推全国范围的"厕所革命"的主要动因。另一方面,中国的经济体制改革获得成功以来,初步富足的人民开始大批量地出国旅行。举凡去日本观光的中国游客,无论"哈日"还是"厌日",一谈到日本的厕所,均没有例外地不吝赞赏。事实上,中国各地在"厕所革命"的发展进程中,政府和广告媒体要求全社会提高"厕所文明"的意识时,经常是会以日本的"厕所文明"为学习的样本,非常重视日本的"厕所日"及其与厕所有关的各种举措与努力。日本事实上是中国在为厕所问题寻找解决方向时,最经常被拿来的基本参照。① 这也可以说是一种典型的示范效应。在某种意义上,我们可以将中国游客在日本"爆买"或抢购智能马桶盖的消费行为,既看作中国境内正在发生的包括厕所改良在内的"生活革命"进程的"外溢"效应,又视为厕所文明在东亚正日益扩展至中国大陆的一种新的路径。据说在东京秋叶原的家用电器店推出的售价约 6 万日元(约相当于人民币 3000 元)的智能马桶盖,近几年每逢春节假期,总是被来自中国的游客们一扫而空。

与示范效应之下的赞叹、羡慕截然相反的情形则是,来中国观光旅行的日本游客(包括部分来自韩国以及港澳台地

① 章瑞华:"厕所:一个被人遗忘的文明'死角'",《光明日报》1993 年 9 月 16 日。

区的旅客），无论喜欢还是讨厌中国，对于中国的厕所状况，大都感到不满，甚或异口同声地表示体验到了"文化冲击"。虽然曾有研究表明，在中国大陆和港澳台之间涉及厕所的文化与意识形态，并没有如某些媒体夸张表述的那样差别巨大，但在经验过大英帝国之卫生观念教化的香港，以及在经验过日本殖民主义者卫生统治的台湾，部分"有心"人士或某些厌华媒体，经常会揪住诸如"陆客"小孩随地便溺之类的个别现象大做文章。直至最近，日本、韩国以及香港和台湾的部分电视节目，时不时仍会以中国大陆的厕所作为谈资和嘲讽的话题，其背后的潜台词，无非就是在表达他们自身在"文明化"的程度上优越于"陆客"。无论是基于"优越感"的歧视构成的外部强制的某种形态，还是基于面子或形象之类逻辑的厕所革命，都或隐或显地透露出了在东亚各国及地区之间，确实是存在着因为难堪或羞耻，而不断地促成着厕所改良之"文明化"的动力机制。

第三节　中国的文化自觉与"厕所革命"

清末民初以来，中国的近代化改革屡遭挫折，当时很多有识之士均把西方先进的文明，尤其是其物质文明视为学习的对象，虽然现代城市的下水道系统也是西方物质文明的重要组成部分，但似乎比它更为重要的则是"船坚炮利"。据说《东方杂志》在1932年时曾经向社会各界知名人士征稿，要他们畅想对未来中国的想象，除了不少对"富强""文明"之未来中国的描述之外，暨南大学周谷城教授则是把"人人能有机会坐在抽水马桶上大便"视为"未来中国首要之件"。和语不惊人死不休的周谷城类似的还有胡适，据说他在1947年北京大学开学典礼上讲话，也是对美国"研究抽水马桶也有专家，没有他们，美国城市就变成臭城"的先进性赞赏有加。虽然新中国在卫生事业方面获得了巨大而且是实质性的进步，但卫生厕所、抽水马桶和现代化下水道系统的整备等，在国家建设或公共性话题中却长期处于几乎是"失语"的状态。我们不难理解的是，在一个经济相对贫弱的社会里，确实是有更多且更加重要的事情，故很难将它们提上议事日程。即便是在被国外人士强烈诟病之际，当时所能做的也主要是遮遮掩掩或局部性地予以应对。

　　但是，如果仅用诺贝特·埃利亚斯的理论，亦即基于外部强制和因为难堪和羞耻而内化了的自我强制这一"文明化"的机制来解释中国社会在"厕所文明"方面的成长，似乎是远远不够的。我觉得，中国社会的主体性，中国人民对于美好生活的追求，中国政府和知识界对于中国文化之与外部世界的关系等等的"文化自觉"，也应该得到必要的重视和关注。和"舌尖上的中国"形成鲜明对照的，是长期以来中国公众对于和厕所相关问题的"自觉"相对不够，或即便有所"自觉"，但整个中国社会对此问题的富于针对性的主体性变革却显得步履艰难。在陆续经历了多次致力于改变的尝试之后，到21世纪的第一个十年，厕所这一困扰中国的"老大难"问题，才终于出现了有可能真正解决的转机。近几十年来，伴随着中国经济和社会的持续高速发展，在拥抱全球化的同时，中国社会也对自身的传统文化有了越来越"自觉"的意识。

1997 年 1 月，费孝通在北京大学举办的第二届社会文化人类学高级研讨班上，提出了"文化自觉"的理念。[①] 随后，他对"文化自觉"给出的定义是："文化自觉只是指生活在一定文化中的人对其文化有'自知之明'，明白它的来历，形成过程，所具的特色和它发展的趋向，不带任何'文化回归'的意思。不是要'复旧'，同时也不主张'全盘西化'或'全盘他化'。自知之明是为了加强对文化转型的自主能力，取得决定适应新环境、新时代时文化选择的自主地位。""文化自觉是一个艰巨的过程，只有在认识自己的文化，理解所接触到的多种文化的基础上，才有条件在这个正在形成中的多元文化的世界确立自己的位置，然后经过自主的适应，和其他文化一起，取长补短，共同建立一个有共同认可的基本秩序和一套各种文化都能和平共处、各抒己长、联手发展的共处守则。"[②] 从 1997 年至今，"文化自觉"这一学术命题得到了中国社会和知识界的高度关注与广泛认可，一方面，"文化自觉"被发展到"文化自信"，表明中国公众和知识界已经基本上摆脱了自 19 世纪中期以降因遭受列强欺凌和现代化进程受挫形成的文化自卑感，但另一方面，中国社会在迈向真正实现全面现代化的征程中，仍然持续地面临着众多涉及传统文化变迁和新的文化调适与创生的重大课题。因

---

① 费孝通："关于'文化自觉'的一些自白"，费宗惠、张荣华编：《费孝通论文化自觉》，内蒙古人民出版社，2009 年 3 月，第 197-206 页。周星、王铭铭："发扬文化自觉，坚持田野研究——第二届社会文化人类学高级研讨班综述"，《广西民族大学学报》1997 年第 2 期。

② 费孝通："反思·对话·文化自觉"，费宗惠、张荣华编：《费孝通论文化自觉》，第 22 页。

此，"文化自觉"不仅是一个学术命题，它实际上还是中国社会文化的具体实践。当前中国正在发生的"厕所革命"，在某种程度上，很好地反映了中国社会之"文化自觉"实践的各种复杂性。①

沿着费孝通教授关于"文化自觉"的思路，中国人类学家或民俗学家应该如何去理解这场史无前例的"厕所革命"呢？我们需要"自觉"到中国农耕文明在厕所问题上的"短板"，需要"自觉"到境外人士的批评和做出反应以及主体性改革的必要性，需要"自觉"到无法回避那个浩浩荡荡的"厕所文明"的全球化进程，需要"自觉"到厕所革命的方向正是要使人民的生活更加美好，让所有人均能够平等地享有清洁、卫生、舒适的如厕环境。如果将"厕所革命"作为当前中国社会之"文化自觉"的一个侧面来予以理解，那么，我们就能够发现当前中国学术界在对于"文化自觉"思想的解读中比较容易被忽视的角度。

除了从"全球化"和"人类命运共同体"的大格局、大背景去理解"文化自觉"的微言大义，我们还不应该忘记费孝通主要是从人民的"生活方式"出发，对"文化自觉"所做的那些说明："为什么我们这样生活？这样生活有什么意义？究竟应该确定什么样的生活方式和发展目标？怎样实现

---

① 周星："文化自觉与厕所革命"，中国艺术研究院艺术人类学研究所：《文化自信与人类命运共同体暨费孝通学术思想研讨会论文集》，2017年12月，第40–54页。

这样的生活方式和发展目标？"①在费孝通看来，"认清自己的真实面貌，明确生活的目的和意义"，正是"文化自觉"的含义。②不仅如此，费孝通所呼吁的"文化自觉"，是要大家尤其是有志于研究人类学的学者，"能致力于我们中国社会和文化的反思，用实证主义的态度、实事求是的精神来认识我们有悠久历史的文化"③。费孝通谆谆教诲说："人贵有自知之明，一个文化也不能没有实事求是的自觉意识。获得'文化自觉'能力的途径离不开对中华文化全部历史及其世界背景的认识。"④费孝通之所以能够在 20 世纪末提出"文化自觉"这一具有深邃意义的时代命题，正如他自己归纳的一样，是因为他经历了中国近现代历史上最深刻的变革：从农业社会到工业社会，再到信息社会，传统的乡土中国发展成为工业化和信息化的中国。他是将"文化自觉"视为是对全球化潮流的一种"回应"⑤。他尤其认为，"文化自觉、文化适应的主体和动力都在自己。自觉是为了自主，取得一个文化自主权，能确定自己的文化方向。相应地，在我们这些以文化自觉、文化建设为职志的社会学、人类学工作者来

---

① 费孝通："中华文化在新世纪面临的挑战"，费宗惠、张荣华编：《费孝通论文化自觉》，第 79 页。

② 费孝通："人为价值再思考"，费宗惠、张荣华编：《费孝通论文化自觉》，第 36 页。

③ 同上，第 37 页。

④ 费孝通："中华文化在新世纪面临的挑战"，费宗惠、张荣华编：《费孝通论文化自觉》，第 77 页。

⑤ 费孝通："经济全球化和中国'三级两跳'中对文化的思考"，费宗惠、张荣华编：《费孝通论文化自觉》，第 129 页、第 138 页。

说，也要主动确定自己的学科发展方向"①，这个方向就是为了人民的人类学。

遵循费孝通有关"文化自觉"的论述，我们可以把厕所问题也视为如费孝通所提示的"在经济全球一体化后，中华文化该怎么办是社会发展提出的现实问题，也是谈论文化自觉首先要面临的问题"②之一。现如今，"厕所"这个在中国一直难登大雅之堂的词汇和问题，这个长期以来被遮蔽着的国民日常生活中的"死角"，终于堂堂正正地成为公共媒体的话题，成为国家领导人尤其关注的民生课题，成为每一位国民街谈巷议且均致力于改善的生活目标之一，"厕所"及相关问题的价值对于人民生活之幸福感的意义，从来没有像现在这样为广大公众所认知，因此，在笔者看来，这可以说是中国社会当前最大的"文化自觉"。伴随中国经济、社会和文化的进一步发展，中国的"厕所文明"也必将在全民"文化自觉"的努力之下，尽快得到提升，从而迅速接近乃至赶上世界上那些在厕所文明方面的先进国家。

2015年由国家旅游局启动的"旅游厕所革命"，和改革开放当初在国外人士批评下，不得已采取的那些临时性应对措施之间最大的不同，就在于这次是中国旅游行业主动性的"自我整治、自我提升、自我优化"的实践，它所服务的对象是自己的人民，而不再只是为了给境外人士留下稍好一点

① 费孝通："进入二十一世纪时的回顾和前瞻"，费宗惠、张荣华编：《费孝通论文化自觉》，第183页。
② 费孝通："关于'文化自觉'的一些自白"，费宗惠、张荣华编：《费孝通论文化自觉》，第197–206页。

的印象。因此，它堪称是基于"文化自觉"的一场真正的革命。当然，中国地大物博、民族众多，全国各个地方的地域性文化和自然环境的差异性很大，因此，厕所革命具体要落实到不同的地方，还需要有更进一步贴合当地实际和符合各自民族文化的实践，亦即更进一步的"文化自觉"过程。例如，在西北地区的广大农村，绝大多数厕所都为"旱厕"，待污物堆积到一定程度，就需要人工清运，因此，如何才能够在厕所改良工作中，既做到节能环保，又符合卫生标准，既满足当地夏冬季节的防热或保温要求，又能够和周围的乡村环境相互兼容，确实是有许多问题都需要在具体的实践过程予以解决的。尤其重要的是，在尊重和深入了解当地居民的相关生活习惯的基础上，通过充分的交流而引导村民们逐渐形成包括个人卫生在内的现代环境卫生的意识和观念①，也是"文化自觉"在具体实践过程中不可或缺的环节。

---

① 熊泽嵩："西北乡村的厕所革命"，中国乡村发现网 2017 年 12 月 11 日。

第十章　卫生间：
追求生活品质的正当性

中国社会当前所面临的厕所问题，本质上与其说它是国民的文明素养问题，不如说是社会发展与公共性的问题，是公共设施、公共服务和市政管理的水准问题，在相当程度上，它也是国家亟须补上的欠账和短板。费孝通教授在他的晚年，曾经提出过一个"中国人富了以后怎么办"的命题。他为此所提示的方向是生活的艺术化，让人民过上有品位的生活。如果说费孝通教授提示的是高端的方向，是生活品质的探高，那么，我们在本书中讨论的"厕所革命"就是生活品质的托底，是如何提升底线的方向。

第一节　厕所空间反映生活品质

中国自古有"仓廪实则知礼节，衣食足则知荣辱"（《管子·牧民》）的说法，意思是说当日常生活中衣食住用行的基本需求解决了，实现了初步富足，人民自然就会进一步追求更好品质、更为体面，也更有尊严和道德的生活。厕所问题正是提升人类生活品质所难以绕开的关节。在中国，吃喝拉撒睡的日常，眼下似乎只有吃喝这一半才刚刚有了一点点品位，接下来，拉撒这另一半正好面临着巨大的提升空间。上述中国社会若干不同"板块"的厕所革命，几乎就是在 20 世纪末到 21 世纪的第一和第二个十年之间，才终于汇集成为一股真正的潮流。可以说，"厕所革命"发生和展开在中国社会大转型的这一段关键的时期，其意义恰好就在于它与转型期间一般国民对于美好生活以及更高品质生活的追求形成了很好的呼应。就此而言，当下中国厕所革命的根本动力，乃是来自经济社会的发展和普通民众对于更加有品质之美好生活的渴望。

由于中国社会的诸多特征，同时也是基于最为明显的事实，可以说，中国已经发生和正在持续推进的"厕所革命"具有自上而下、自外而内的特点，但是，我们也不应忽视一般民众在改善其包括厕所环境在内的日常生活方面所具有的主体性和主动性。将上述两者结合起来思考，才更加符合中国各个基层地方之"厕所革命"的具体实践。例如，全国各地以"农家乐"和"新农村建设"为例，的确存在着政府的强力指导，但同时也有当事民众的响应、参与以及可能伴随着的抵触、犹豫、反复而至最终实现的接纳。在全国各地几乎所有的"农家乐"项目中，改善农家小院的环境，均必然包括对于农户厕所卫生标准的确认和提升，虽然具体个别的情形千差万别，也未必能够达到多么高的水准，但厕所环境伴随着具体项目的实施，无疑是多有明显的改善。为了发展乡村旅游，山东省从 2013 年起，对致力于"改厨改厕"的农户提供必要的奖励，给予达到标准的"改厨改厕"农户，奖励甚至多达 1.6 万元。"新农村建设"中的厕所改良行动也不例外，和"农家乐"有所不同的是，不少地方其实是把"新农村"建设成了准都市小区，村民家的厕所自然也因此会有质的变化。

若是把视野放开，改革开放以来 40 年间，中国民众的生活方式发生了巨变，其中就已经包括了生活革命的题中应有之义，即厕所革命。大面积的都市开发和居民小区建设，数以亿万计的农民摇身一变而成为市民，并因此告别了乡村常见的旱厕与传统马桶。1980 年代以来，抽水马桶逐渐在全中国普及，这主要就是指单元楼套房居室中卫生间里的抽水马桶。正如岳永逸教授指出的那样，配备有独立的客厅、厨房、卫生间和抽水马桶等设施的单元楼居室的都市型日常生活，眼下已经被几乎所有的中国农村居民视为是人生奋斗的目标。① 在这个意义上，可以说，更大规模但却不大为人们所意识到的"厕所革命"，其实就是伴随着中国都市化的进程，亿万国民住进了配备有抽水马桶和下水道系统的单元居室。我们可以确信的是，这一过程还将伴随着政府的"新型城市化"规划，进一步得到持续的深化。

在中国的建筑界，长期以来曾有一种形象的说法："家庭小康看住房，住房小康看两房"。所谓"两房"，亦即厨房和卫生间。和发达国家的卫生间和厨房面积约占住宅总面

① 张海龙："岳永逸：都市中国的乡愁与乡音"，《兰州晨报》2015 年 2 月 28 日。

的 20% 左右相比，中国则只占不到 15%，这意味着中国城乡的小康型住宅，在卫生间的硬件等方面尚有很多差距。但它大体上已经可以满足方便、洗（淋）浴、洗面、洗衣等诸多日常生活的需求，除了具备至少 4-5 平方米以上的空间，还有了基本的卫生洁具配套和管线配套，初步做到了既方便卫生，又相对节水。很多市民逐渐地从使用室外公共厕所到使用独立的室内卫生间，从蹲式便器逐渐地过渡到抽水马桶，再从普通的抽水马桶发展到智能马桶。这个过程迅猛而又不可阻挡、不可逆转，它预示着中国的厕所文明，正在迅速地朝向舒适、清洁、优雅的西方标准靠近。改革开放使得国门大开，很多稍具条件的中国公众均有了出国旅游、开拓一下视野的机遇。中国游客在海外的"卫生间体验"，经常总是会程度不等地使人们进一步意识到中国社会的厕所问题，这也是与发达国家的非常现实的差距。简言之，优雅的厕所环境正是发达国家生活品质最为真实的写照，而中国经济和社会的发展也日益需要把其成果转化为普通民众包括厕所环境在内的日常生活品质的提升。

我们从古今中外对于厕所的称谓及其变化，例如，从"茅坑"、"马桶"、"厕所"、"东司"、"一号"等，到"洗手间"、"化妆室"、"WC"、"toilet"、"restroom"等等，可知其一如既往不变的是委婉表述，这说明对于厕所空间的禁忌是多么的根深蒂固。如果把厕所空间视为防止排泄物造成污染等危险的物理性屏障，那么，婉转的厕所称谓便是防止污染之危险的文化或社会心理屏障。在某种意义上，可以说凝聚着西方厕所文明的"卫生间"，其早期起源便是对排泄之类人类的"低级"生理功能的偏见，由此形成的持久理念，最终经由现代社会里中产阶级把世界彻底理性化的思路，才实现对于人的自然生命本能的近乎完全的控制或屏蔽。于是，排泄空间的"文明化"、人类排泄行为的"文明化"，以及人们在排泄时的快感、安全感、放松感、舒畅感等，大都可以增强人的尊严和价值，因为这是人对于自己身体（之动物性本能）的那些由来已久的"自我歧视"的改变，是人对于自己的尊重。日常生活的品质，不只取决于生活的某些物质属性的质量，还有人精神层面的尊严，而厕所革命导致排泄空间的品质提升，便是达成这一目标的捷径。

正如我们已经反复说明过的那样，通过实现高水准的"厕所文明"提升国民生活品质，既需要每个人的努力，需要每个人对自己的排泄行为和排泄物负起责任，同时，更需要国家或社群共同体建构能够化解排泄物堆积于"无形"的物理设施（下水道排污系统或净化装置等）、可靠的社会体系和优雅的文化机制。任何人都可以因为自己的排泄物被下水道系统接纳或处理而享有品质较好的日常，但任何人也都应该对那个系统高度负责、心怀敬意，并在需要时维护它或为它做出一些贡献。因为只有这样，那个盘踞在居室之内"理所当然"的"卫生间"，才有可能进一步朝向更高的品质空间演化。

据说日本人使用其厕所的频率和时间长度，均排在世界各国的前列。简单地说，这并不是因为他们在生理方面和其他国家的人们有什么不同，而是他们有理由喜欢在令自己感到舒心的"卫生间"空间里流连，甚至在其中心安理得地做各自喜欢的事情。日本人对于"卫生间"的布置和设计近乎痴迷地执着，经常会花费很多的功夫，倾注大量的心血，这是因为他们洞悉提升"卫生间"这一私密空间的品质，就是提升生活品质的奥义。在相对比较发达的西方和日本等社会里，"厨房"和"洗手间"最经常地是其主人表达自己的社会阶级或阶层的地位、身份、格调、品味，以及个人的趣味、个性、嗜好的绝好空间，它们往往也是表达"有了钱怎么花"这一梦幻的典型场所①。

日本艺术家妹尾河童曾专门"窥视"过他人的厕所，他以"考现学的"感觉深入采访，并细致地描述了50位日本名人，诸如作家、知名演员、建筑师、相扑选手、艺术家的卫生间，他发现几乎所有人的厕所都已经成为精心装点的生活空间，甚至卫生间有可能成为主人家里唯一能够随时"避难"的壁垒一般的私人空间或去处。由于需要隐藏的"不洁感"彻底消失了，厕所便不再是羞于给人看的地方，而是成为一间可以对客人也开放的房间。②甚至一户有好几个卫生间，里面有各种摆设，除了温水洗净马桶，还装有暖气，摆放有香水、古董、纪念品、玩具、书籍和鲜花，墙上则挂有装饰画、漫画、影迷海报或贴以花鸟图案的壁纸等。当代日本厕所文明对于如厕空间的雅化，可能与历史上的禅宗思想有关，例如，日语中关于厕所的雅称，诸如"东司"、"西净"、"雪隐"之类，就曾受到过禅宗的影响。在禅宗看来，当主人以"茶

---

① 〔美〕保罗·福塞尔：《格调：社会等级与生活品味》（梁丽真等译），北京联合出版公司，2017年2月，第120–121页。

② 〔日〕妹尾河童：《窥视厕所》（林皎碧、蔡明玲译），第3页。

道"待客之时，则除了茶酒饭之类，还有对"雪隐"的享用。所以，设置在茶室庭园之一角的"雪隐"，就要求有"古寂幽情"，甚至其中的道具也追求古寂、新鲜与清净。由此可见，当代日本知识精英们的厕所空间，同时可以作为禅室、书房、艺术品陈列室，等等，并非难以理喻之事。显然，中国城市居民的日常生活，因为享有室内卫生间而已经初步实现了"厕所革命"的目标，但其卫生间之空间品质朝向进一步精致化方向的提升，仍然是有很大的余地。

美国社会学家莫洛奇（Molotch）和诺伦（Noren）在他们组织编辑的《厕所：公共洗手间和分享政治》[①]一书中，透过多学科的视野对古今公共厕所的空间进行了较为全面和系统的分析。他们认为，在公共厕所的空间安排里，例如，通过对洗手间之内部空间格局、厕具摆放、便池数量、洗手池的位置、男女隔离等空间制度的细致描述，就可揭示其中内涵的涉及污秽、危险和隔离之类的寓意。换言之，公共厕所的空间制度内涵着社会所建构的一系列规范、逻辑或者习俗，其中也包括人们对于性、阶层及特定人群的态度或政治立场。在他们这个思路的延长线上，或许我们还应该指出，当公共厕所发展出"第三卫生间"甚至"第五空间"的范畴时，公共厕所的空间制度就会更加复杂和丰富多样，而前现代厕所空间所内涵的那些张力也有可能在一定程度上得到舒缓；另一方面，类似日本社会中家庭"卫生间"的空间精致化和

---

① Molotch, Harvey and Laura Noren (ed) : *Toilet: Public Restrooms and the Politics of Sharing.* New York University Press. 2010.

个性化趋向，或许也会程度不等地出现在未来社会的公共厕所的空间形构之中。

第二节　无止境的厕所"文明化"

截至目前，"厕所文明"的全球化进程，在世界范围内形成了一波又一波或缓或急的浪潮，它从欧美发达国家不断地向发展中国家扩展，但也并非所有的发达国家均做得很好。意大利著名的文化之都米兰，直至 2005 年才建成了该市的第一座污水处理厂，而在此之前，其市民的排泄物是"原汁原味"地被排入到伦巴河里的。就连"高大上"的欧盟的行政首都布鲁塞尔，也只是到 2003 年才兴建了自己的城市污水处理厂，此前也无非是把所有人的粪便一概排入河流而已 ①。在号称世界第一强国的美国，旧金山市政厅前的地铁站里却充斥着尿骚臭味，这个城市甚至被媒体戏称为"美国公共厕所"，市政府一直头疼该如何去应对那些流浪汉随地便溺的行为。当有人将这一切怪罪到流浪者时，那些无家可归者却愤怒地反驳：旧金山绝大多数餐馆和公司都禁止流浪汉使用内设卫生间，而这座城市的公厕又少之又少，他们在"紧急"时不得不"就地解决" ②。

一方面，大批量的中国公民出境旅游，时不时就因为如

---

① 〔英〕罗斯·乔治:《厕所决定健康——粪便、公共卫生与人类世界》(吴文忠、李丹莉译)，导言 XIII。

② "国庆日旧金山送'贺礼'重罚街溺不当'美公厕'"，中国日报网站 2002年 7 月 7 日。

厕行为"不文明"而饱受诟病，但另一方面，也有大陆游客赴欧洲旅游时，对于德国公厕的不便和收费多有抱怨。香港某些有心之士对于大陆儿童的地铁便溺行为大加鞭笞，一时成为社会新闻；但在 2013 年 10 月，北京举办国际马拉松比赛时，或许是主办方疏于流动厕所的配置，或许也是有人故意为之，参赛者中的"外宾"一字排开"尿红墙"的事件，亦曾引起北京市民的街谈巷议（图 29）①。所有这些均可以说明，厕所问题当然并不是只有中国才存在，厕所的不堪及排泄行为的不当，也完全不应该成为种族、地域、性别或年龄等任何歧视的依据。

图 29　中国青年拉起"文明马拉松 拒绝尿红墙"的横幅
（来源：互联网）

厕所"文明化"的进程几乎是无止境的。即便是在世界

---

①　"北京长跑节将严格执行新厕标 避免'尿红墙'事件"，《北京青年报》
2014 年 4 月 15 日。

公认的厕所文明的先进国家日本，2016年的东京都知事选举，仍然有一位候选人以"厕所革命"为口号来参选，这意味着在他看来，东京的公共厕所依然存在不少的问题。通常，日本人是以自己国家"厕所文明"的高度而倍觉自豪的，很多日本政治家也经常是把厕所作为日本外交和发展国际旅游业的一个宣传亮点。例如，最近日本政府的"女性活跃担当大臣"有村治子就曾表示，为了迎接2020年的东京奥运会，日本应尽地主之谊，要好好"款待"访日的游客，提供给大家舒适的如厕空间。日本媒体则称，政府有意识地致力于推动"厕所外交"，亦即要用最棒的厕所来吸引全世界的观光客。眼下，日本各地在东京奥运会召开前夕，加大投资，努力打造将让全球宾客均心悦诚服的厕所环境，这一方面固然是其展示民族自豪感和优越感的一种方式，但另一方面，仍多少存在着类似于韩国和中国在奥运会前夕大力改进厕所状况的实践。由于其智能厕所在海内外受到高度赞许，因此，日本有计划在2020年之前，把全国那些最受欢迎的旅游目的地的"蹲式厕所"（亦即所谓"和式"），全部改建为智能厕所。据日本政府的观光厅在2017年的一项调查中所获得的数据，目前日本主要的旅游景区景点，合计大约有4000多个公共厕所，其中大约58%是为西式的座厕，42%是和式的蹲厕。鉴于奥运会期间来访的外国人对于西式厕所的需求可能更高一些，故从2017年，就通过政府亦即观光厅补贴三分之一费用的方式，鼓励相关的地方政府逐渐改建那些设在公共厕所里的传统蹲式便器。

位于日本中部地区的名古屋市，大约有230万人口，目前，

第十章　卫生间：追求生活品质的正当性

该市大约有 50% 的公共厕所是蹲式的。但在 2017 年 6 月公布的一项计划里，市政府准备将公园、地铁站和其他公共设施中所有的蹲式厕所全部替换为坐式厕所，市长希望名古屋市能够因此而拥有全世界最"酷"的厕所。市政官员表示，最为优先的改厕工程便是先在著名的"名古屋城"（旅游景点），将所有的蹲式厕所彻底改造成为高度现代化的坐式厕所。在著名的旅游城市京都，从 2016 年开始的努力，已经基本上实现了翻新或改建所有传统厕所的目标。除了厕所设施方面的"硬件"，京都还尤其在厕所文明的"软件"方面花费了很多心血，例如，通过使用英语、中文和韩语等多种语言的图示，引导游客如何使用这些高智能的厕所；在京都的城市网站上提供"公共厕所地图"，标明可以供人们选择的公共厕所的位置，其中包括分别可以提供给残疾人、带孩子的父母等特殊人士安心使用的厕所等等。

从 2012 年起，大阪市交通局实施了一项"地铁厕所革命"的计划，目标是把大阪地铁的"3K"厕所全部改建为"4C"厕所[①]。这里所谓的"3K"厕所，是指那些"脏、臭、暗"的地铁厕所[②]，而所谓"4C"厕所，则是指"明快"（Clear）、清洁（Clean）、舒适（Comfortable）、有魅力（Charming）的厕所。以前，不断有市民因为地铁厕所的 3K，向大阪市交通局投诉抱怨，甚至还有市民忍着不上地铁厕所，而去

[①] 鶴見佳子：「大阪地下鉄のトイレ革命 トイレが変われば、まちが変わる、人が変わる！」、LIFULL HOME'S/ LIFULL HOME'S PRESS, 2017 年 7 月 18 日。

[②] 日语的表述为：汚い・臭い・暗い，这三个形容词的日语发音的罗马字母标记，前面都有一个 K，故有"3K"厕所之称。

地铁站周边的其他建筑物里借用厕所的情形。现在，由于对大阪地铁的112个地铁站的厕所全部进行了改装，实现了4C，故令市民感到满意。2015年9月，新大阪站的厕所，作为铁道系统的厕所，首次获得"日本厕所大奖/国土交通大臣奖"的荣誉。根据大阪市交通局的解释，所谓有魅力的厕所，主要是指通过有品位的厕所，传达地铁"款待服务"顾客之心，令顾客对地铁产生亲近感，产生热爱地铁的意识；同时也希望来自国外的游客，能够把他们对于大阪地铁厕所的良好印象或感受到的魅力带回各自的祖国。由此可知，大阪地铁厕所的基本理念，就是一种"服务交流"，亦即通过良好的公共厕所服务，利于地铁乘客形成高质量的交流。大阪改建地铁厕所的做法，具体地有两种模式，一是小规模的工程，主要是提升卫生器具和厕所内装修的规格和品质，二是扩大厕所面积，改建其内部格局，这属于较大规模的改建或新建。截至目前，新建或改建厕所通常主要是站在男性的立场上，只要厕所结实能用就好，但这次大阪地铁的"厕所革命"，却因为有女性职员的积极参与项目规划，站在女性立场上讨论厕所，很多视野便完全不同了。的确，大阪地铁以前的"3K"厕所，其风格大都是厚重结实，但新建或改建之后的"4C"厕所，风格上便有了很多细腻和优雅，甚至因为增加了女性使用者的视线，地铁厕所的很多地方都比较贴心了，诸如怎样的厕所空间才是美丽的、令人安心的，甚至连照明也考虑到了怎样才能够使得厕所使用者的皮肤看起来比较美等等，都有所关照。此外，很重要的还有厕所"清扫"方法也发生了变革，以前主要是水冲方式，属于"湿式"清扫法，但常常因为滴水和潮湿，容易导致细菌繁殖，不仅看起来不洁，也容易有味；现在则改用抗菌拖把进行清扫，属于"干式"清扫法，整个厕所的保洁达到了干爽的效果。在了解大阪地铁厕所革命时，我深感其有一个理念很值得中国学习：亦即厕所改变了，城市就会改变，而使用厕所的人们也会改变，人们会不知不觉地变得能够更加"文明"地使用厕所了。中国媒体和知识精英在讨论厕所问题时，总是倾向于抱怨人民的素质不高，不能够"文明"地使用公厕，由大阪的经验看来，这种理解很可能是把本末关系给颠倒了。

　　最近几年，日本各城市公共厕所的进一步"革命"的方向，其实是和日本普通民众家庭内部厕所空间精致化的方向，大体上一致的。虽然程度有所差异，但厕所空间的持续进化则是共同的。在日本以外的西方发达国家，公共厕所的空间品质虽然也是不断有所提升，但更为突出的还是居室内卫生间的演化。当下世界各国通行的单元楼公寓住宅，基本上就是基于让中产阶级感到体面的居住准则，对每个房间均作出了严格的专业化分工，寝室、厨房、儿童房间、卫生间等，尤其是室内"卫生间"，由于它使得私密的排泄空间与一个可将其排泄物排除到城市其他看不见的空间去的庞大系统相连接，遂使得那些居住者的"文明"或"体面"的行为与准则显得比较圆满了[①]。但是，室内"卫生间"确实是有一个漫

---

① 〔法〕罗歇－亨利·盖朗：《方便处——盥洗室的历史》（黄艳红译），中国人民大学出版社，2009年8月，第183–185页。

长的发展过程，犹如英国作家比尔·布莱森在他的《趣味生活简史》中指出的那样，"在私人家庭中，设置卫生间"时而成功，时而不成功，因为欧洲的富人们曾经不愿让卫生间进入他们的生活；起初，卫生间也是不装修的，就像你不会装修锅炉房一样。[①]直至20世纪初搪瓷被发明出来，卫生间才显得像样一些了。然后，经过了差不多一百多年，"卫生间"不断朝向精致化的方向发展，其空间属性也早已超越了当初其仅仅用于排泄的属性。

1956年，美国密西根大学郝拉斯·摩伊纳教授（Horace Miner）在《美国人类学家》上发表了题为"纳西莱玛的身体仪式"的论文，描述了此前从未被认真研究过的"纳西莱玛人"对于自身的健康和外观异乎寻常的介意。由于他们思考问题的前提是"人的身体是丑陋的、生来就是脆弱和容易患病的"，所以，"纳西莱玛人"就频繁地举行各种复杂甚至是极端的仪式，以便对令他们不安的身体有所救赎。而所有这些仪式，都可以在"纳西莱玛人"家庭内部的"圣域"，亦即设有抽水马桶的浴室（卫生间）里得到观察。郝拉斯·摩伊纳教授指出，社会地位较高的"纳西莱玛人"，家里往往会有若干这样的"圣域"，事实上，家庭的富裕程度往往可以经由此类仪式场所的多少来反映。每天清晨，"纳西莱玛人"逐一进入这个仪式空间，举行洁净仪式，这对于他们而言，具有非常重要的意义。洁净仪式不能家人同时举行，而必须是个

---

① 〔英〕比尔·布莱森：《趣味生活简史（第2版）》（严维明译），第322–323页。

人单位秘密地举行[①]。这里所谓的"纳西莱玛人"（Nacirema），其实是把"美国人"（American）的英文拼写顺序颠倒过来，郝拉斯·摩伊纳教授是在揶揄人类学的方法论，讽刺西方人对"他者"进行研究时通常持有的轻蔑之念。但这篇论文就像预言一样，他所描述的家内"圣域"，如今在美国中产阶级当中是更加有过之而无不及了，它们变成更加奢侈的场所，其中举行着更加复杂的仪式，并且使用着更多能够带来奇迹的药水，至于通过"圣域"的数量来判断家格的价值取向，也变得更加夸张了。[②] 无独有偶，中国新兴的中产阶层或暴富的"土豪"人士，在近乎疯狂地追求"豪宅"时，也无非是透过"几厅几卫"来突显其身份与存在感的，他们的这种价值观无疑也只是对海外类似现象的复制。

第三节　如厕方式的变迁

现在，中国越来越多的民众住进了拥有上下水系统的单元楼房，室内"卫生间"也日益成为他们日常生活中最为重要的空间，因此，人们的如厕行为以及有关厕所及排泄物等的观念，也都程度不等地正在发生着变化。有证据显示，新兴的中产阶层对于已经享有的都市型日常生活仍感到不满足，而要进一步追求更高、更好和更有品质的生活。有关中

[①]　Miner, Horace.：Body Ritual of among the Nacirema. *American Anthropologist*, 58（1956）：503–7.

[②]　キャスリン・アシェンバーグ（Katherine Ashenburg）：『図説　不潔の歴史』（鎌田彷月訳）、第251–252頁、原書房、2008年9月。

国游客赴日本消费，在日本"爆买"温水洗净智能马桶盖的新闻，恰好可以反映出其日常生活中对于高品质的卫生间环境和设施的进一步追求。换言之，中国游客对于日本智能马桶的情有独钟，一方面是由于中国人对于"卫生间"的消费正在升级换代，另一方面则与中国游客在日本体验到优雅和富有人性化关照的厕所文化以及因此经历的"文化冲击"有关。这些马桶盖具有电子化、智能化、热水冲洗、烘干等功能，给人带来清洁、舒适、便捷、有品位等感受，它在中国的流行，实际上反映了中国经济发展和市民生活升级换代的一种必然趋势。

近些年来，伴随着越来越多的中国人在居住生活方面出现了"豪宅化"的趋势，人们对于卫生间的体验和品质也就更加注重了。不仅卫生间的面积、卫浴洁具的品质，还有卫生间设施的多功能、人性化、舒适感等，都面临越来越高的要求。眼下，在一套住宅里不再满足只有一个卫生间的消费者正在迅速增加，"三室一厅二卫"或标明"一卫一厕""两卫一厕"的房地产广告用语，清晰地昭示着对于卫生间空间的执着，正在富裕阶层中成为新的时髦。智能马桶的快速普及，将使方便之后的水洗式洁身在中国城市也成为现实；由于在卫生间放置便后手纸的纸篓被认为不够优雅，一些生活水准较高的家庭已开始使用能够在冲便器中化解的手纸，或许中国的未来也会像日本一样，实现厕所用纸等洁身产品的规格化。与此同时，在配置了多个卫生间的住宅之中，还正在发生专供洗浴的卫生间（也许仍配置抽水马桶）和仅供方便的卫生间之间的功能性分化，以及专供客人、保姆的卫生间和专供主人使用的卫生间的因人而异的分化。

可以预料的是，伴随着厕所革命的进展，中国人的如厕方式也会多少发生一些变化。人类的如厕方式，大体上有蹲便和坐便两种，与其对应的相关设施自然也有所不同。关于蹲便还是坐便，原本并无早晚、高低、优劣或先进落后之分。早在罗马时代的庞贝遗址里，就是除了立式便池，还有坐式（椅子式便器）和蹲坑的并置，但相对而言，蹲便对于设施的要求远不及坐便对于设施的要求高。有一种观点，尤其是海外的部分媒体认为，中国的厕所革命最终将消灭传统的蹲式厕所，但其实，在中国官方和公共媒体中并没有这类表述。厕所革命果真会消灭东亚（也曾被欧洲人说成是"土耳其式"、被日本人说成"和式"）的蹲式厕所吗？这是一个需要拭目以待的问题。早先那类仅有一排蹲坑、厕位没有隐私的低程度厕所，肯定会被逐渐地淘汰，但至少在公共厕所里，供人们蹲式方便的方式将可能长期存在。根据2003年由中国国家质检总局颁布的《旅游厕所质量等级的划分与评定》，规定三星级厕所可以配置高级坐便器和蹲便器，这表明中国官方无意在坐便器和蹲便器之间做出优劣之类的判断。然而，现实的状况是在一些地方，较高规格的公共厕所，确实也出现了坐便器逐渐普及的趋势。对此，也的确是有各种不同的见解。一般认为，由于座式抽水马桶提高了人类如厕的舒适性体验，所以无怪乎它在中国的家庭卫生间，以及宾馆、酒店中已经确立了主导地位，可一旦涉及公共厕所，包括景区公厕，比起座式抽水马桶而言，蹲便器因为不需要人体和设施的直接接触，至少在当下似乎仍更受人们的青睐。

在为传统的蹲式厕所的价值所做的一些辩护中，除了依据人体解剖学指出蹲式有利于排便之外，公共厕所的坐便器被认为很容易传染疾病，确实也是一条颇为有力的理据[1]。时不时就有新闻报道说，有人在公共厕所的坐便器上蹲着方便，这确实严重地有损公德，或许是由于已经习惯于蹲式方便的人，一时难以适应坐式，但更可能的则是如厕者对于公共厕所里坐便器的卫生状况缺乏信心。对此，提供马桶纸垫或洁净剂等确实是较为有效的方法。若是从人类社会隐形存在的级差性"分类"逻辑来看，如厕者通常倾向于感觉自己的身体（及其排泄物）并不那么污秽，而完全陌生者的身体（及其排泄物）则最为不堪忍受。无怪乎人们对于公共厕所中的坐便器会有抵触，而宁愿采用蹲式方便。在现阶段的中国，家庭、宾馆的卫生间和公共厕所的设计之所以有所不同，其理据正在于此。和女性不同的是，男性的排泄行为往往倾向于大便为蹲或坐的方式，小便则较多采取站立方式。虽然在坐便器高度普及的社会，男子大小便有可能逐渐地被统一于坐式，但除了家庭内不分性别的卫生间之外，所有公共性的男女厕所则因此而有结构上的不同，亦即男厕除了坐便器或蹲坑之外，通常还有小便池或槽。

中国厕所革命所导致的诸多变化，其实和日本社会曾经的经验多有相似之处。日本的都市化和居住生活现代化，使得一般住宅里居民的如厕方式，慢慢地几乎全都由蹲便器变

---

① 〔法〕罗歇－亨利·盖朗：《方便处——盥洗室的历史》（黄艳红译），
第 122 页。

成了西式坐便器。和家庭卫生间形成鲜明对照的是，日本都市里的公共厕所却仍有相当数量的和式蹲便器，中国在这一点上也大致如此[①]。

但最近几年，在东京、名古屋、京都和大阪，日本各主要城市为配合2020年东京奥运会和进一步发展国际旅游产业，而展开了新一轮的"厕所革命"，的确是以把公共厕所的蹲式全将"升级"为坐式为指向的。这可以说是其"厕所文明"放弃"和式"而进一步"西化"的大动作。虽然由于此种"提升"所需的翻修费用颇为高昂，因此，在一些地方城市即便是有中央政府的补贴，仍面临整改资金的短缺困扰，所以，此次革命最终能走多远，尚有待观察。伴随着公共厕所废除"和式"便器而改为"洋式"便器的新一轮厕所革命，必然引发普通民众对于卫生与否的担忧，以大阪地铁厕所为例，其卫生对策是配套投放便座清洁剂。对于此次坐便器的替换举措，评论家坂上辽认为，在社会迅速高龄化的过程中，公共厕所应该做出这种变革，亦即基本上都以"洋式"为主，因为让60岁以上的高龄人士使用"和式"蹲厕确实有些残酷。

的确，中国也正在步入高龄社会的途中，就此而论，如果未来坐便器能够有进一步的普及，也应该不足为奇。但是，和日本相比较，中国还是一个水资源非常短缺的发展中国家，西式抽水马桶在中国的普及已经和将会持续地带来水资源的

---

① 平井聖：『生活文化史＝日本人の生活と住まい―中国・韓国と比較して』、財団法人　放送大学教育振興会、1998年8月、第12頁。

重压，因此，中国当然不必要也不太可能全面照搬西方发达国家和日本"厕所文明"的全部经验。事实上，早在1970年代，当美国加州地区因为干旱出现水荒时，人们曾不得不用"大便才冲，小便可免"来应付。至于长期以来因为城市下水导致的环境污染，一直是包括西方各国在内均不可掉以轻心的大问题。于是，世界环境保护运动的兴起伴随着对于抽水马桶的"质疑"，以及一些视抽水马桶为"落伍"的新理念[①]，也是颇为合理与自然的。对于中国而言，1970—1980年代仅仅因为产品质量而产生的抽水马桶"漏水"问题，就曾导致过很大的损失。看来，在朝大处着眼，充分认识到厕所革命势所必行的同时，中国还必须从小处着手，扎扎实实地根据自己的国情，推进厕所文明的进步和提升。

---

① 任觉民："抽水马桶上的沉思——追求完善的人废处理方法"，朱嘉明：《中国需要厕所革命》，生活·读书·新知三联书店，1988年11月，第20-37页。

结语：道在矢溺

中国古代先哲庄子在回答东郭子的提问时，为了表示那个宇宙的真理——"道"的无所不在，曾经回答说：道在"蝼蚁"、在"稊稗"、在"瓦甓"、在"矢溺"（《庄子·外篇·知北游》）。对于本文作者而言，道在屎溺堪称至理名言。无独有偶，近代西方的心理学巨匠西格蒙德·弗洛伊德曾经在1913年为业余人类学家约翰·伯克（John G. Bourke）的《各国人的粪便礼仪》（*Scatalogic Rites of all Nations*）一书所写序言中指出：让人们能够接受粪便，这不仅是一项果敢的行为，还是一项造福千秋万代的伟业。弗洛伊德还指出，虽然程度不同，包括一些文明民族的相关仪式，在对于排泄物的处理上，其实依然是与儿童的行为颇为相似的；在他看来，人间正道就是承认屎溺的存在，并尽可能给予它应有的尊严。捷克作家米兰·昆德拉在其《不能承受的生命之轻》一书中，曾经提到斯大林之子雅科夫在第二次世界大战中死于德军战俘营的经过：他因为使用厕所不符合英国战俘心目中文明的标准而被迫打扫厕所卫生，管理战俘营的德国军官则因为谈论粪便有损自己尊严而拒绝调停雅科夫和英国人的冲突，最终，雅科夫不堪受辱而扑向了战俘营的高压铁丝网。作家对此的评论是，这是"在战争的普遍愚蠢中之唯一的具有形而上学意义的死"①。米兰·昆德拉最为深刻的思想正是在于他提到，粪便的存在被否认，每个人都装出它好像不存在的样子，这才是真正的"媚俗作态"（Kitsch）。人们创造了一个似乎是没有粪便的世界，每个人都假定粪便并不存在，他认为，这种的审美态度便是所谓"媚俗"。米兰·昆德拉甚至还重提那个曾经让基督徒困扰的老大难问题，亦即上帝或基督有肠子吗，他也排便吗？②

无论如何，人类是宿命地无法彻底摆脱诸如排泄和性之类生命本能的制约，一个人的一生在卫生间的时间累计可长达3年，如果卫生间的环境改善，人们待在其中的时间还会更长。在某种意义上，人不过是拥有厕所或卫生间的猴子。因此，对于排泄物和排泄行为的禁忌，应该被从社会文化的束缚中程度不等地解放出来，不再把它视为是我们身体的"低等"机能。但视排泄物为污秽是全人类的通则，按照英国人类学家道格拉斯的解说，从人类身体的孔穴排出的东西都属于污秽，而这些污秽也与人类通过对生活世界予以分类去建立秩序的逻辑密切相关③。这可以说是基于"分类"的污秽观，例如，中国的藏族就曾持有此种内外有别的洁净观念，

---

① 〔法〕米兰·昆德拉：《不能承受的生命之轻》（许钧译），上海译文出版社，2014年8月，第315—317页。

② 〔法〕米兰·昆德拉：《不能承受的生命之轻》（许钧译），第323页。

③ 〔英〕玛丽·道格拉斯：《洁净与危险》（黄剑波、卢忱、柳博赟译），第43—45页。

在家庭和户外做出明确区分①。也因此，他们对于在室内设置厕所就会有抵触。虽然人类不同的社会或族群应对这类污秽的方式不尽相同，但大都倾向于远离或回避它。但是，厕所革命导致出现了基于"卫生"科学的污秽观，例如，同为藏族社会，在学校教育和国家干部的示范下，和传统的污秽观念原理不同的，亦即依据现代卫生科学的观念逐渐地得以确立②。值得庆幸的是，上述两种性质不同的"污秽/洁净"观念，其共同之处在于它们都承认由排泄物带来的污秽有可能导致疾病。在近代卫生科学诞生之前，人们关于"污秽/洁净"的分类及其思考，乃是全人类不同族群观察和理解其生活世界的普遍方式，现代社会有关卫生（干净）和不卫生（不干净）的分类与对立，其实与之有着相同的原则和类似的结构，只是表现的形式有所不同而已③。

这两种不同属性的"污秽/洁净"观念，会因为厕所革命的推展和厕所文明的提升而发生复杂的变迁与涵化过程，甚或出现彼消此长的趋势。现代"卫生"科学的污秽观和洁净观有可能实现大面积的扩张，但由于基于"分类"原理的"污秽/洁净"观念，原本是以普世性的文化逻辑或人类共性的思维方式为基础，作为一种类象征分类体系，它和卫生保健

---

① 刘志扬：《乡土西藏文化传统的选择与重构》，民族出版社，2006 年 12 月，第 271–282 页。

② 同上书，第 292–306 页。

③ 〔瑞典〕奥维·洛夫格伦，乔纳森·弗雷克曼：《美好生活：中产阶级的生活史》（赵丙祥、罗杨等译），第 131 页。

未必有直接的关系①，即便它受到科学技术性"卫生"观念的冲击，并因此发生诸如有所稀释之类的变化，却也不会轻易消失，而最有可能是以新的形态得到温存和延续。即便中国通过厕所革命，使得卫生科学的洁净观全面彻底地得到普及，它也同样无法完全抹去宇宙观层面上的污秽和洁净问题，因为这里涉及的污秽或洁净，并非卫生学表象的层面，而是与社会生活的生成和再生产糅合在一起，并且是跨越时代和民族而普世存在的②。

从身体排泄出污物，这是人的"自然需求"，但它却被处置成为应该远离我们的视线和嗅觉。就此而言，现代人类所建构的厕所文明的方向，似乎是在这一点上走得更远了。它其实只是更为彻底地"远离"了自身的排泄物，当然，更不用说也彻底回避了其他任何人的排泄物。③但无论对人类排泄物形成多么夸张和彻底的避忌，现代社会的人们依然无法摆脱对自身身体动物本能的尴尬，依旧需要更加努力地掩饰排泄物的存在，因此，那些传统的有关"污秽／洁净"的观念就又被"再生产"出来，也因此，排泄物的"危害"和"危险"依然在超出卫生科学的层面之上存在着。

无数事例表明，排泄行为的管理和厕所问题，是全人类所有社会和文化均要永远面对的课题；厕所文明是截至目前

---

① 〔美〕杰里·D. 穆尔：《人类学家的文化见解》（欧阳敏、邹乔、王晶晶译），商务印书馆，2009 年 7 月，第 295 页。

② 胡宗泽："洁净、肮脏与社会秩序——读玛丽·道格拉斯《洁净与危险》"，《民俗研究》1998 年第 1 期。

③ 〔加〕约翰·奥尼尔：《身体五态：重塑关系形貌》（李康译），北京大学出版社，2010 年 1 月，第 34 页。

結语：道在矢溺

人类社会与文化进化所取得的伟大成就之一，但它没有最好，只有更好。现代化的卫生设施将人类和自己的排泄物隔离开来，每座城市都安排了将污物排放到某个地方的排污系统，然后，再由更大的排污系统去处理它，使人们看不见，也闻不着。可以说，卫生设施是现代城市建设的基础，也是芸芸众生能够高密度地生活在城市中的基本保障。但事实上，现代社会的"厕所文明"也是非常脆弱的，它的维系取决于一系列高度复杂的社会管理和技术体系的支撑，一旦这些系统出了问题，就会发生城市环境卫生的突发事件，甚或导致严重的危机，例如，仅涉及公共厕所与粪便处理方面的，主要就有因为停水、停电而导致公共厕所不能正常使用，因为公共厕所的化粪池溢出引起的环境污染，因为粪便消纳站停运而导致的粪便滞留问题等 [①]。日本的厕所文明高度发达，但在熊本发生地震之后，厕所问题立刻跃升为灾民们最渴望获得外援以求解决的事项之一，这是因为人们一夜之间就会重返"前"厕所文明的状态。换言之，无论人类的厕所文明发展到怎样的高度，它也无法避免地具有脆弱性，这是因为支撑着现代厕所文明的基础设施，亦即复杂的城市上下水道系，本来就始终是非常脆弱的。如果我们不把它局限于"卫生间"及其周边的那些事实和现象，而是和更为庞大的废水处理系统，和中国社会的水资源、水环境相互联系起来，则厕所问题不过是中国社会总问题的冰山一角，而眼下的厕所革命之

---

① 张志宏："浅析环境卫生突发事件应急体系的构建"，《环境卫生工程》第16卷第1期，2008年2月。

于中国社会而言，也不过是刚刚开始而已。

眼下正如火如荼地在中国各地城乡开展的厕所革命，终将逐渐地改变中国民众日常生活中那些最难以为人们所自觉到的观念的深层，亦即涉及排泄的行为、观念和环境的全面改观。不难想象，当代中国的厕所革命将会在多大程度上提升一般人民的生活品质，并满足普通民众获得清洁、舒适、安全、便捷以及很有尊严感之排泄环境的美好需求。但我们也知道，这场革命比起生活革命的其他任何层面都将更为深刻、困难和曲折，因为它要求每一个中国人在此问题上都能够真正地迈向觉醒。唯有如此，那个困扰了中国人百年之久的"尴尬"才能最终彻底地烟消云散。

附录一　便溺·生育·婚嫁

——马桶作为一个隐喻的力量 ①

　　无论是只将它作为日常生活用具来看，还是把它作为普通民众在人生重大的结婚仪式上具有特殊寓意的象征物来看，"马桶"都具有毋庸置疑的重要性。但是，中国学术界有关马桶的研究却非常有限，导致此种状况的原因，除了它的俗凡、不起眼之外，可能还有它的不雅、不洁、污秽，因而被禁忌所回避、为偏见所遮蔽之类的现实状况。无论如何，马桶是和人的身体最为密切接触的器物之一，在这个意义上，本文从民俗学和文化人类学的立场出发对马桶所做的初步分析，或许也算得上是对中国社会及文化中某些深层"常识"的钩沉与"再发现"。

①　本文系日本学术振兴会科研费资助课题"生活变化/生活改善/生活世界之民俗学的研究——来自以日中韩为基轴的东亚比较"（番号：17H02438；2017—2019 年度；主持人：小岛孝夫）的成果之一。发表于《杭州师范大学（社会科学版）》2018 年第 5 期。

（一）马桶作为便溺之器

马桶是一种室内便器，它在中国有颇为悠久的历史。《周礼·天官·玉府》中提到"内监执亵器以从"，郑玄注："亵器，清器、虎子之属"。意思大概是说"亵器"有两种，虎子用于小便，清器用于大便。又《周礼正义》中提到的"清器"，亦曰"行清"，由于它是以木为函，可以移徙，所以，很可能也就是马桶的祖型①。上古之时，人们使用的溲器又有"兽子"、"虎子"之属，它们大体上相当于后世的夜壶，主要是用于承接小便②；汉朝时，曾设有专门为皇帝执捧虎子的官职，亦即"侍中"。唐朝因为要避讳李虎之名，遂将虎子改称"马子"。方以智《通雅·器用》："兽子者，亵器也，或以铜为马形，便于骑以溲也，苏曰马子，盖沿于此。"南宋时人曾三异在《同话录》里提到"今俗语云厕马"，"若清器为旋盆，则虎子、厕马之类也"。又吴自牧《梦粱录》卷十三："杭城户口繁伙，街巷小民之家，多无坑厕，只有马桶。"这说的是在当时的杭州，由于马桶较为普及，已经不需要另有厕所了。《梦粱录》接着在杭城的"诸色杂货"中，还特意提到了"脚桶、浴桶、大小提桶、马子"等，可知在当时，马桶之类家用木器的制作已经很商业化了。其实，这种情形一直延续到了近现代。马桶在中国南北方均有使用，

---

① 周连春：《雪隐寻踪——厕所的历史、经济、风俗》，第15页。
② 李晖："兽子·虎子·马子——溲器民俗文化抉微"，《民俗研究》2003年第1期。

但尤以在苏、沪、浙、皖、赣等江南水乡地区十分常见。因为南方较多水系，便于洗涮马桶，北方无此条件，故马桶和南方相比就不是特别突出地流行。

马桶在历史上确曾有过很多称谓，如"槭窬"、"圊桶"、"触桶"、"余桶"、"厕马"、"净桶"、"如意桶"、"夜桶"、"厮马子"，等等，至今仍因地域方言而多少有所不同，如"恭桶"、"马子桶"、"枵子"、"粪桶"、"尿桶"等。在扬州，人们把马桶叫作"马子"；在苏北，又特意把小孩儿用的个头较小的马桶，叫作"马马儿"。还有一些地方，则是把那些制作不够精致的马桶，才称为"恭桶"的。

马桶一般是放在卧室之内，靠床前偏里一侧，在马桶和床榻之间的空间，便被叫作"马子巷"或"屎尿巷"，往往还会有一层遮羞的布帘子。在温州，旧时有的较为讲究的人家，为了清洁和遮除臭味，除了马桶有盖，还会把马桶放在特意制作的"马桶箱"里。浙江省绍兴市鲁迅故居的寝室里，或者在江南很多地方的婚俗博物馆里，寝室的床头，通常就陈列有安置马桶的木柜（图30）。相对而言，马桶算得上是较为文雅的称谓，有些地方则

图30 江南民宅里寝室放置有马桶与高脚桶

235

直称其为"屎桶"或"尿桶"。中国各地习俗的情形不尽相同，既有以马桶兼收大、小便的情形，也有将马桶和便壶分开使用的情形；既有家人或夫妻合用的情形，也有妇女或老人专用的情形。一般情形下，马桶只供家内人用，不得外借；在有外厕的情况下，家内女眷和孩子通常使用马桶，而男人则倾向于使用外面的厕所。

在广东省的潮州一带，过去妇女们的日常生活是离不开所谓的"三桶"，亦即"脚桶"（木质、大而矮的圆桶，直径约两尺，桶深六七寸，因涂桐油而不漏水）、"腰桶"（为直径一尺左右的圆桶，上宽下窄高尺余）、"屎桶"（形状如冬瓜形，外部均上红漆。宽口有盖，盖上开一小孔，孔上再有盖），这些涉及私亵之器大都是作为嫁妆从娘家带来的。脚桶是室内洗澡的用具，有了孩子以后，也用于给小孩洗澡和洗衣服，但男人洗脚也会用；腰桶，通常是妇女晚上用它清洗下身。屎桶一般就放在卧室的僻角或床尾空地，那里还有一个直接约半尺的小陶钵，用来盛水，可以便后净手。有的时候，还挂上布帘以免不雅之观。[①] 此外，有的妇女往往还会另有一个陶制的冬瓜形小便壶。类似的情形，也见于台湾人的习俗之中。在台湾女子出嫁时的许多嫁妆里，有一项是要用红布包起来，挑进夫家的，红布袋里装的其实就是洗澡的腰桶、洗脚的脚桶和屎尿桶。其中，腰桶是在生产时为小孩洗身用的，或也供母亲洗澡之用。以前女子洗澡、洗脚、如厕等隐私之事，都必须在室内完成。因此，就在床边形成

---

① 刘志文主编：《广东民俗大观》（上卷），第 254 页。

了一个空间，叫作"屎尿巷"①。

马桶和老百姓的日常生活的关系是如此地密切，以至于在有些地方，还形成了为它庆生的习俗。在福建省的顺昌一带，人们把正月初七确定为"尿桶生日"，过完年大概就是从这天起，农家才可以挑粪上山或下田，但中午回来之时，必须洗净尿桶，同时也要吃点粉干、园蛋之类，以表示吉利。正巧正月初七这天，也是所谓的"人日"，至于尿桶生日和"成人"之间究竟有无关涉，则不得而知。

在南方的杭州、苏州、扬州、南京等一些老城的传统街区里，居民的旧式生活方式中，马桶总是难以回避的存在。在著名的老苏州平江路，每日清晨，主妇们就要拎着马桶出来，倒马桶并洗涮马桶。以前是倒给前来收取的粪车或粪船，现在则是去附近的公共厕所倒马桶；然后，就在河边涮洗马桶，人类学家费孝通曾经在他那篇著名的题为"差序格局"的文章里描述过那种情形②。洗涮过马桶以后，上午就把它放在门口晾干，一般到下午才收回家里。于是，街道两旁就排列有许多斜靠着的马桶，上面的红漆也因长时间使用和涮洗而退了颜色，成为一种特别的景观。在扬州，旧时曾有一段"扬州有三怪"的顺口溜："老头怕老太，马子满街晒，酱瓜当主菜。"扬州人所说的"马子"，就是马桶。过去为了获得扬州城里人的粪便作为肥料，周边乡村的农民通常会向城里的居民馈赠一些蔬菜，亦即"马子菜"，有的地方干

① 董宜秋：《帝国与便所：日治时期台湾便所兴建及污物处理》，台湾古籍出版有限公司，2005 年 10 月，第 21–22 页。
② 费孝通：《乡土中国》，第 21 页。

脆就叫它为"粪菜"①。

　　洗涮马桶是一件苦活儿，如果没有佣人，就只好由主妇亲自去做（图31）。也有一些老街区，因为社会分工的细化而产生了专门承揽这种活计的马桶"清刷工"。据说在南京等传统的都市里，大概从明朝的时候起，马桶清刷工就已经成为民间的"三百六十行"之一了。从南宋时的"倾脚头"到明清时的清涮工，再到眼下硕果仅存的"倒马子"，这一行当的历史可谓是非常悠久。无论是历史上，还是在现实中，从事洗涮马桶之类劳作的人们，因其工作的污秽

图31　苏州妇女洗涮马桶

（来源：《扬子晚报》）

---

①　扎西·刘：《臭美的马桶》，中国旅游出版社，2005年8月，第42–43页。

而给人们的生活世界带来了某种程度的"净化"，但他或她们的社会地位却很低下，并饱受不公平的歧视。明清时期，在浙江省的绍兴府，就有"堕民"作为饱受歧视的贱民阶层，而更多地从事着清扫垃圾和收集、运送粪便之类的职业："抬夜桶"①。

由于马桶通常是需要作为嫁妆从娘家带来的，它不仅关乎娘家的"面子"，同时也是新娘婚后肯定要经常使用的，所以，人们对于马桶的制作，就要求精美，有较多的考究。据说明朝初年的南京富豪沈万三，特别喜欢做木工活儿，他曾亲自为出嫁的女儿制作马桶作为嫁妆，故精工细作，以图吉利；后来，由于他家的箍马桶匠人手艺高超，作品很受欢迎，甚至在南京形成了"箍桶巷"的地名。②大概在明末清初之时，马桶的制作还逐渐地形成了不同的流派，有所谓"京做"、"苏做"和"广做"等，其中"苏做"主要就是制作"苏式"马桶，其造型、雕花、漆画等最为精致。传统的苏州木作有"大件"、"小件"之分，马桶属于苏式木作小件。由于苏州当地有"马桶天天出门献宝"（洗刷和晾干）一说，故马桶也被认为是能够体现主人家的品位，或被用来展示家底，所以，人们对于马桶的制作也就有较多的追求。③也因此，马桶在作为一件家具的同时，往往也可被看作是一件手工艺品。苏式马桶多为红面黑里，通常是在其马桶盖上，雕刻有各种吉祥寓意的图案，例如，

---

① 周连春：《雪隐寻踪——厕所的历史、经济、风俗》，第160页。

② 扎西·刘：《臭美的马桶》，第82–84页。

③ 同上书，第100页。

"喜花"或"喜鹊登梅"等。马桶盖通常必须是整块的木料，一般不得拼接，这样才显得它的尊贵，据说有的人家还特意追求所谓大吉、大利、大红、大福、大发、大荣等六种吉祥寓意的纹样，将它们刻绘在马桶盖上。有时候，为了求得好的风水，还特意雕刻出八卦之类图案的。[①] 旧时，有一些大户人家对于马桶的制作甚至有近乎苛求的讲究，例如，要求做马桶的匠人得是"全家福"、近些年没有生病、眼下也不得是带病之身等。于是，那些家庭和睦、子孙满堂的马桶工匠就格外地受到欢迎，而他在雕绘马桶盖之前，甚至还得净手礼佛，并完全按照主人所提供的吉祥纹样去作业。甚至他在工作时，也要端正态度，尤其是不能说一些不三不四的话。[②] 所有这些独特的民俗事象，大都是为了对马桶赋予特别的寓意和价值才产生的。

截至 1980 年代中期，上海市的棚户区和石库门里弄，仍有大约 500 万户居民使用旧式马桶，但到 2002 年，上海的马桶用户便减少至 40 万户，现在则已经基本上消失了。[③] 改革开放以来逐渐形成的"新苏州"、"洋苏州"，拥有较为完善的住宅及公共卫生的上下水系统，与其形成鲜明对照的是"老苏州"的古城区，到 1980 年代初，仍有 30 多万人使用着 10 多万只马桶。1985—2010 年，苏州市的城区改造促使近 8 万只马桶"消失"；从 2010 年起，苏州市政府计

① 扎西·刘：《臭美的马桶》，第 51 页。
② 周连春：《雪隐寻踪——厕所的历史、经济、风俗》，第 27 页。
③ 文军："城市化的未预期后果及其对居民日常生活结构的影响——以 1990 年代后的上海城市改造为例"，2006 年中国社会学学术年会论文。

划再花费 30 多亿，拟将古城区最后 2 万多只马桶（其中平江区就有 8000 多）送进"历史博物馆"[①]。但要彻底消灭老城区的马桶生活，除了都市化带来的大拆迁，还必须得让彻底的上下水工程和适当布局的公共厕所建设，把老城区也完全囊括在内才可以。

（二）马桶作为陪嫁品

马桶作为便器的重要性不言而喻，但它更具象征性的意义，则是在于大半个中国，尤其是在东南各省的民间，非常普遍地把它作为结婚陪嫁品中不可或缺的一部分。中国民俗学的民俗志文献，对于马桶作为陪嫁品的记录和描述很多，我们通过对这些记录稍做梳理，就不难发现马桶在作为便溺之器以外，但又与便溺之器的功能密切相关的象征性意义。

在上海郊区，以前农家女结婚时，作为嫁妆，有一些非常实用的东西是必须从娘家带来的，像提桶（或有盖）、脚桶、马桶、高脚桶等。旧时农家的孕妇多是在家里分娩，婴孩出生后，就在高脚桶内沐浴，故俗称其为"养囡桶"（图32）；而马桶，亦即掇马桶（无拎襻马桶），则被农家称之为"子孙桶"（图 33），旧时，当新娘子的嫁妆送去夫家时，这子孙桶里面一般要装一些红蛋、红枣、花生等，寓意是早

---

① "苏州拟投 30 亿消除老式马桶 称为走向现代化"，《扬子晚报》2010 年 12 月 14 日。

生贵子，多子多福①。大概从 1980 年代起，上海郊区也慢慢地普及抽水马桶，于是，传统的马桶就逐渐被淘汰了。

图 32　上海郊县旧时的"养囡桶"
（采自《上海乡村民俗用品集萃》第 59 页）

图 33　上海郊县旧时的"子孙桶"
（采自《上海乡村民俗用品集萃》第 59 页）

---

① 钱民权：《上海乡村民俗用品集萃》，上海人民出版社，2000 年 9 月，第 58–59 页。

在江苏省的扬州一带，脚盆和"紫铜马桶"为女方的陪嫁所必须。所谓"紫铜马桶"，其实只是以紫铜为箍，但它要做的很精致。婚礼当天，用红布带子系好的马桶，要由小叔子来挑，这小叔子还必须是嫡亲或堂亲。在"紫铜马桶"里，又有一个小马桶，里面要放13个红蛋、两刀草纸、两扎筷子，以及染红的花生、核桃、枣子、莲子等，总之，要装的满满当当，据说这么做的寓意，就是要把子子孙孙都挑到家里来。所有这些东西，最后都要摊放在婚床之上，以象征"五子登科"。当"全福奶奶"挽着新娘下轿时，她要提着马桶并说一些"喜话"。例如，进新郎家的大门时，她一手拎着马桶，一手扶着新娘，边走边念叨："府上子孙多兴旺，恭喜万事都吉祥，全靠手中'紫红马'。"所谓"紫红马"，就是马桶，亦即子孙桶。进入洞房以后，"全福奶奶"要把这紫红色的新马桶特意放在新床中间。新床中间又被称之为"子孙塘"，于是，"全福奶奶"接着就要念叨："子孙塘啊子孙塘，一代更比一代强"。接下来的"闹房"，通常是要闹小叔子的，让他顶着马桶盖；有的地方甚至还闹"扒灰公"，让公公头顶着马桶盖，背着煤灰钩，以戏谑而开心。①

苏州一带的油漆马桶，因为精雕细绘、工艺考究而著名。旧时，大户人家以马桶做嫁妆时，一定要雕花挂红、大小相套。所以，民间俗语有"洞房里的马桶——一套又一套"的说法。马桶作为娘家必备的嫁妆，其基本用意就是为新嫁娘催生，因此，才被叫作"子孙桶"。崭新的马桶，一般先是要放在

---

① 扎西·刘：《臭美的马桶》，第12页。

洞房里婚床的后面，其内有 5 个染红的鸡蛋或鸭蛋，表示"五子登科"；婚礼的当天能够抢到"子孙桶"内红蛋的人，就会感到吉祥。马桶在开始使用之前，还要先让一位 5-6 岁的小男童冲着桶内撒尿，据说这样做，以后新娘就会生下男婴。在童子尿和生男孩子之间，似乎存在着类似感染的关系。[①]有的时候，马桶里除了红鸡蛋，还会有桂圆、花生、红枣、米糕等，以及孩子们喜欢的鞭炮。俗话说，"新娘子的马桶——三日新"，经过婚礼上各种仪式的加持或"洗礼"之后，马桶就会被启用，成为日常生活中的便溺之器。但即便如此，在一段时期内，它依然是一个祈嗣求子的重要符号。过去苏州老城区的新婚家庭，新娘子常会把桃花坞木版年画中的"大头娃娃"或观音送子等图像，特意贴在婚床后面子孙桶上方的墙上，有时还在木版画的边上，再挂上一串花生。

旧时在武汉地区的婚礼上，女方还要在马桶里放一把筷子，意思是快生儿子；放十个鸡蛋，意思是十全十美；如果是八个鸡蛋，则意味着"要得发，不离八"；放一把桂圆、红枣，取意是早生贵子；放一些染红了的花生、白果和柏枝，表示百子千孙，儿女双全。因为马桶的重要性，故送亲队伍中抬马桶的人，通常会得到双倍的喜钱[②]。湖北省的土家族在举行婚礼时，要由"圆亲娘"引着一个童男，让他来亲手揭开用纸封盖的朱漆马桶，抓出放在里面的糖果、红蛋之类，然后，掏出"小鸡公"撒一泡尿。人们相信童子尿为世界至纯，

---

① 〔韩〕金光彦：《东亚的厕所》（韩在均、金茂韩译），第 159 页。
② 李德复、陈金安主编：《湖北民俗志》，湖北人民出版社，2002 年 1 月，第 338 页。

最终会导引出一个吉祥的结果。

　　虽然各地的细节或有差异，但江南很多地方对出嫁女儿的陪嫁，有"五桶"或"三桶"之说。五桶指饭桶、碗桶、脚桶、腰桶和马桶，三桶则只指脚桶、腰桶（或浴桶）、马桶。总之，都是婚后主妇必需的日常器用。马桶在嫁妆中一般是较为醒目的，通常要贴上"喜"字或贴上写有"百子千孙"之类的红纸。因为马桶又有"恭桶"之称，恭桶贴喜，即为"恭喜"。[1]江南水乡往往是使用舟船运送嫁妆，而涂以红漆的大马桶常常多被安置在船头，显得非常醒目；嫁妆上岸之时，也多是马桶率先，甚至还有把身披红布的马桶尊为"喜神"的说法。马桶从娘家一路过来，能够驱逐沿途的邪魔，使新郎壮阳，使婚后的家业红火，人丁兴旺。在苏北等地，据说作为新婚嫁妆的马桶，从女方家出门以后是不可以落地的，要直至男方家的洞房，才可以放下，这种习俗被叫作"落地喜"。相反，在台湾省的基隆，人们却一定是让子孙桶在送亲的队伍中"殿后"，但这也是为了突出它特殊的重要性[2]。

　　在浙江省的绍兴一带，一般是由男方的小叔子将新娘带来的马桶提进洞房的，如果新郎没有弟弟，则要由堂弟代劳。所以，当地会把有兄长的男孩儿称作"掇马桶的小叔"。女方家事先要在马桶里放进枣、花生、桂圆、荔枝等，取意"早生贵子"；也有放一包花生、两个半生不熟的鸡蛋等，取意为"生"，即尽早生儿育女。据说在成亲之夜，喜娘也会在

---

[1]　扎西·刘：《臭美的马桶》，第 10 页。

[2]　《基隆县志·民俗篇》，1954—1959 年铅印本。

子孙桶边说几句口彩：亦无非是"子孙桶，子孙桶，代代子孙做状元"之类。[①] 在金华一带，子孙桶里要放进万年青、红鸡蛋、彩鞋、染成红色的花生和十枚铜钱。在温州，过去即便是最为贫苦的人家，婚礼嫁妆中的尿盆、脚盂桶之类，也不能缺少。

福建省各地的婚礼陪嫁，虽因地区不同而有差异，但马桶同样是不可或缺，并且还要将它放在显眼处，让来客一眼就能够看到。民间有视其为"花盆"的观念，意思大概是盼着新娘早日"临盆"，早生贵子。在龙岩一带，子孙桶要由洞房"带妈"（亦即所谓"全人"）来安放，她会念叨一些吉祥话，让"子子孙孙进屋来"。在上杭，婚礼上的马桶里，要放筷子、布带子等，意思是"早生快生，带子带孙"。在南平，洞房里的马桶必须先让小男孩朝其中撒尿之后，方才启用。在漳州，是由女方的伴娘把马桶拿进洞房，她一边提着马桶，一边会说一些祝福的话："子孙桶，过户碇，夫妻家和万事成；子孙桶，提入房，百年偕老心和同。"在闽北的邵武一带，新娘将在婚后使用的各种木制盆桶，均是由女方家操办的，其中包括"百子桶"（马桶）、大小脚盆、洗澡用的高脚桶等。

在台湾一些地区的嫁妆中，所谓"子孙桶"包括"腰桶"（平时用来洗女人的下身，生产时用于坐盆、洗产妇内裤等）、"跤桶"（用于洗衣、洗澡、洗脚，生产时用于"洗红婴仔"）、"溲桶"（又分为"屎桶"和"尿桶"，平时用于排泄，生产时用来

---

① 扎西·刘：《臭美的马桶》，第10页。

放血纸之类的"垃圾物"和"脏东西"）等。因为都与生产有关，所以叫"子孙桶"；又因为有四样，故又叫"四色桶"。[①]到婚礼上的入洞房环节时，子孙桶被抬进来，还得念念有词："子孙桶，提悬悬，生子生孙中状元"；"子孙桶，提振动，生子生孙做相公"，"子孙桶，过户定，翁某家和万事成"，"子孙桶，提入房，百年偕老心和同"。

在安徽省的徽州地区，嫁妆中最重视马桶，必须事先装进红枣、花生、橘子等彩头物信，寓意为"早生贵子"。等到了男方家里，必须首先由一个男孩揭开马桶盖，拿起里面的吉祥物，撒上一泡尿，并且还要引起围观者拍手哄笑，以祝贺"生发"。[②]在安徽江北的桐城等地，在子孙桶里放进红蛋、喜果之类的寓意，就是"送子"。在浙江一些地方，子孙桶排在送亲队伍最前面，内装红蛋、喜果之类，到男方家之后，由伴娘取出，送给"主婚太太"，名曰"送子"。[③]有些地方，送亲的队伍来到男方家，先要由挑子孙桶的进门，这时，新郎家的厨师会到新房来，用肉汤为新娘"烫马桶"，名曰"百子汤"，民间认为如此作便可预兆多子多福。[④]在广东省的中山、广府地区，马桶还特意被称为"男孙桶"，以突出对男孩的重视。

北方各地的情形多少有所不同，民间对马桶的重视程度

① 洪惟仁：《台湾礼俗语典》，自立晚报社文化出版部，1993年7月，第18页、第143页、第149页。

② 李晖："兽子·虎子·马子——溲器民俗文化抉微"，《民俗研究》2003年第1期。

③ 叶大兵主编：《浙江民俗》，甘肃人民出版社，2003年10月，第180页。

④ 吴格言：《古代中国求子习俗》，花山文艺出版社，1994年11月，第155页。

没有南方那么突出。但在有些地方，例如，北京过去的平民小康之家，结婚时必须将"子孙盆"、"夜净儿"（尿盆）和"长明灯"纳入嫁妆之内，视之为女人出嫁的"三宗宝"。这里所谓的"子孙盆"，其实就是木制的大洗澡盆、洗衣盆和尿盆三件一套的组合①。在天津的海河流域，也有类似的风俗，亦即婚礼陪嫁物，必有"喜桶"和"子孙灯"等，天津人俗称"桶子灯"（谐音"童子灯"）。喜桶亦即马桶，一般就搁放在床边的柜子（炕柜）里，并不使用，其中仅存放一些妇女的卫生用品；到后来，木制喜桶就慢慢地演化成为搪瓷痰盂了。此种情形在天津民俗博物馆（天后宫）的婚俗陈列中，也有颇为形象的反映。在山东临清一带的农村，人们则是把嫁女时陪嫁的便器称作"子孙马子"。

（三）马桶作为一个隐喻

作为嫁妆的马桶，在婚礼上被作为重要的象征物，在发挥了它的作用之后，通常就被启用，成为普通的生活用具，亦即作为便溺之器为女主人所专用。虽然有人怀疑妇女生孩子时，会不会真的直接就在马桶里分娩，但确实在某些地方，马桶和妇女分娩的关系非常密切②。例如，有些地方的嫁妆中，与"子孙桶"相配套的，还有"子孙凳"，它其实就是准备专门为产婆给新娘接生之际使用的。

---

① 常人春：《红白喜事——旧京婚丧礼俗》，北京燕山出版社，1993年11月，第40页。
② 魏忠："我国古时的亵器"，《文史知识》1997年第5期。

附录一 便溺·生育·婚嫁

明清时期的江南妇女，生孩子被叫作"临盆"，产妇分娩时多采用蹲或坐位，临产时，直接就坐在高脚木盆或马桶上生产。通常要请经验丰富的接生婆，先把马桶洗净，铺上干稻草和棉垫等，再放入温水，淹过棉垫[1]；如此准备充分，就等婴孩顺利降生。如果真是这样，则排便与分娩，无新旧之分，都使用同一件民具，这的确耐人寻味。值得顺便一提的是，在苏南和浙南等地，不仅让婴孩降生在马桶里（或在马桶之外，另有陪嫁而来的子孙桶），孩子还成长在一种育儿立桶或站桶之中。笔者在浙江省兰溪市姚村调查时，就曾仔细观察过这类站桶。而把红蛋等放在子孙桶内，其实也就有"诞子于桶"之类的寓意。[2]

马桶在婚礼上享有如此崇高的地位，应该不只是它在婚后具有可供女主人排泄甚至分娩所用的物理性功能。有学者认为，子孙桶并非雅物，它之所以为嫁妆所必须，是因为有一个具有吉利含义的名字[3]。在笔者看来，这种解释可能有一点本末倒置。马桶作为嫁妆，之所以必须从娘家带来，乃是因为它还具有更加深刻的寓意，亦即作为新娘本人身体之生殖能力的物化象征。马桶不只是作为人类生殖、繁衍种族愿望的一种载体[4]，它本身还成为一个生殖力的隐喻。这便是某一个事物有可能通过调整而成为另外一个并不相关事物的隐

---

[1] 扎西·刘：《臭美的马桶》，第 16 页。

[2] 金煦主编：《江苏民俗》，第 218 页，甘肃人民出版社，2003 年 10 月。

[3] 毛立平：《清代嫁妆研究》，第 43–44 页，中国人民大学出版社，2007 年 3 月。

[4] 李晖："兽子·虎子·马子——溲器民俗文化抉微"，《民俗研究》2003 年第 1 期。

喻①的典型例证。旧时在杭州，如果女方因为穷困，无力置办像样的嫁妆时，可以由男方家"包房"，亦即由男方将准备好的妆奁，在婚礼前几天送去女方家，结婚当日，再由女方把它带到男家。但是，男方家固然可以包揽一切，但唯独"子孙桶"，必须由女方家来准备。②之所以必须由女方家准备马桶，这其中潜含着婚姻的两性结构原理。诚如米尔恰·伊利亚德指出的那样，"婚姻仪式的宗教结构，也是人类性行为的宇宙结构。对于现代社会中的非宗教信徒来说，想理解这种两性结合中同时存在的宇宙性的和神秘性的向度是困难的。"③从文化人类学的立场看来，婚礼乃是充满启示的象征性仪式群，有时候这些启示是需要使用暗语或隐喻表达的。马桶、红蛋、花生、红枣、荔枝等中国人婚礼中反复出现的物化象征，无非就是为数众多的暗语和隐喻的具象化形式。

也正是为了感染到马桶所隐含内具的生殖力，马桶有时候会被当作是能够帮助怀孕的"小道具"。韩国民俗学者金光彦曾经提到在中国长江流域及南部地区的一种"送子"的风俗，当婚后三年仍未怀孕的话，就在八月十五，由男人拿着用金黄色的纸做的马桶，再由另一位男扮女装的人带着套上小孩外衣的空心匏子，在乐队带领下去那户想要孩子的人家，把这些东西交给主人。他们认为，这对夫妇睡觉时，把

---

① 〔英〕特伦斯·霍克斯：《论隐喻》（高丙中译），昆仑出版社，1992年2月，第1页。

② 毛立平：《清代嫁妆研究》，中国人民大学出版社，2007年3月，第43–44页。

③ 〔罗马尼亚〕米尔恰·伊利亚德（Mircea Eliade）：《神圣与世俗》（王建光译），华夏出版社，2002年12月，第83页。

那个纸做的马桶和开裆裤放在中间，就能怀孕。至于人们相信马桶跟怀孕有关，乃是因为夫妻一起使用它的缘故，这可以使人联想到性行为。[①] 在这一类民俗事象当中，马桶象征着可以感染而来的生殖力，有时候，某家若生了男孩，还会有不孕妇女前来拜访，经主人同意后，她便坐在主人家的马桶上，吃下染红的熟鸡蛋，吃完后再与产妇交换裤带。人们相信，她因坐马桶、吃红蛋而得到的生子之兆，可以用那裤带带回家去。

以马桶作为生殖能力的象征性隐喻，这在各地的乡俗社会里并不以为秽。关于便溺和生育的关系，古籍里较早的《国语·晋语》曾提到周文王诞生的神话："臣闻昔者大任娠文王不变，少溲于豕牢，而得文王不加疾焉"，这是把拉撒和生孩子看成一类事。其实，类似的民俗文化现象不在少数。例如，古罗马的作家普林尼（Pline）在其《自然史》中对尿液的药用保健功能赞赏有加，更有甚者，当时的人们是把太监的尿液也视为灵验之物，认为它能够增强妇女的生育力。[②] 旧时在沂蒙山区，男女新婚时，拜堂之类仪式完成以后，要由小姑子将新买的尿盆放在洞房的床下，并大声念叨："搁小盆，搁小盆，等到来年抱小侄。"有的地方在喝过交心酒之后，新婚夫妻要去抬尿罐，谓之"抬聚宝盆"，这时，婆婆在洞房内把门关上，由新娘叫门，婆婆问：是谁？抬的什么？媳妇则答曰：是您媳妇和您儿，抬的是聚宝盆，然后婆

---

① 〔韩〕金光彦：《东亚的厕所》（韩在均、金茂韩译），第 161–162 页。

② 〔法〕罗歇–亨利·盖朗（Roger-Henri Guerrand）：《方便处——盥洗室的历史》（黄艳红译），第 13 页。

婆才开门放行。^①类似这样富于戏剧性的仪式表演，目的就是为了突显马桶、尿盆或尿罐的象征性。新婚男女之排泄物汇聚的尿罐，被说成是"聚宝盆"，其实也就是男（精子）女（卵子）双方之生殖力因交合而获得成就的隐喻。

不难理解的是，作为头等重要的嫁妆，在这种象征性的马桶和女性的生殖器官之间也有可能存着某种隐喻转换的关系。首先，马桶是与人的性器官最为接近的器物；其次，它的结构和形状（桶状物），也被认为与孕妇的生产通道相类似^②；再次，人类的出产过程和排泄过程，被认为具有深刻的可比拟性。说到排泄与出产的关系，就必须提到弗洛伊德的排泄理论。弗洛伊德曾经指出，儿童在其人格发展的"肛门期"，必须学会控制生理排泄，以便符合社会性的要求。但儿童从一开始就倾向于认为，婴孩是像粪便那样被排泄出来的，由此，我们也就不难联想到被视为是人类"童年"之想象力集大成的神话，包括北美印第安人在内，世界上很多民族都有排泄物造人或创世的神话^③。关于排泄物和新生儿的"一体化"，这在精神分析领域的文献中是有很多报道的，因为在人类原初的想象力中，赤子从母体腹部产出的过程很容易被比喻为排泄^④。例如，日本在公元 712 年由太安麻吕

---

① 山曼等：《山东民俗》，山东人民出版社，1988 年 3 月，第 198 页。

② 万建中：《民间诞生礼俗》，中国社会出版社，2006 年 9 月，第 39 页。

③ 〔美〕阿兰·邓迪斯："潜水捞泥者：神话中的男性创世说"，阿兰·邓迪斯编：《西方神话学读本》（朝戈金等译），广西师范大学出版社，2006 年 6 月，第 328–356 页。

④ 飯島吉晴：『竈神と厠神—異界と此の世の境—』、第 204 頁、講談社、2007 年 9 月。

编纂的《古事记》，也记录了"伊邪那美命"从排泄物和呕吐物中出产了和农业有关诸神的著名神话，这很难不让人联想到粪尿之丰饶性和农业生产之间的关系[①]。据说过去中国珞巴族妇女的分娩之处，经常就是在竹楼门后的地板附近，那里有一个洞，正是人们平时方便和倾倒垃圾的地方。相信这类事例，应该都是基于同样的原理。能够说明性与排泄之间关系的例证和学说也不少见，它们均涉及下半身的身体隐秘，同时也都带来释放的快感。[②] 例如，近代以来各国的厕所艺术，也多以性事（男性）和爱情（女性）为主题，等等，所有这些并不宜简单地归结为淫秽下流，而是有其更为普世性的人类心理深层的依据。据明沈德符《万历野获编》记载，明朝宰相严嵩父子曾使用金银做成的真人大小的女性人体厕所，"有亵器，乃白金美人，以其阴承溺，尤属可笑"。很多时候，这件事是被当作奸人荒淫无耻的证据，但若是换个角度，则可窥知在当事人的潜意识里，排泄之与性事、便器之与性器之间是存在隐喻转换关系的。其实，马桶的别称"马子"，自唐朝以来，一直就同时是女人、女阴的隐语[③]。

马桶作为隐喻的重要特点，在于它汇聚了排泄、性和出产于一体。排泄、性事和出产，都是深度关涉人类身体污秽

---

① 塩見千賀子、伊藤ちぢ代、生島祥江、石田貴美子：「排泄の文化的考察」、『神戸市看護大学短期大学部紀要』、第 16 号、1997 年 3 月。

② 冯肃伟、章益国、张东苏：《厕所文化漫论》，同济大学出版社，2005 年 4 月，第 149–154 页。

③ 龚维英："马之隐义抉微"，《民间文艺集刊》第六辑，上海文艺出版社，1984 年 11 月。冯肃伟、章益国、张东苏：《厕所文化漫论》，同济大学出版社，2005 年 4 月，第 33–34 页。

的焦点。实际上，经常和马桶配套的"腰桶"、"脚桶"也不例外，亦皆与女性身体的隐私密切相关。按照英国人类学家道格拉斯的揭示，这些来自人类身体孔穴的存在，无一例外地都是属于需要严重避忌的污秽[1]。通常它们是要被遮蔽起来的，或被压抑在文明社会人们的视野之外，但是，对于它们的禁忌一旦打破，它们所内涵的力量，包括破坏和再生的力量就会迸发出来。马桶在婚礼上的作用，大概就属于把新婚夫妻这些身体本能（排泄、性和出产）方面的事情展示于众目睽睽之下，也因此，马桶就具备了巨大的神力。在此值得一提的是，在不少地方，民间还有在婚礼上展示包括"子孙桶"等在内的嫁妆之俗，例如，在浙江省的金华有"摆嫁妆"，在湖州叫作"亮行妆"，而在客家人的婚礼上，则是由男方家宴请亲朋前来"看嫁妆"。[2]不过，也有相反的例子，在徐州，人们认为陪嫁马桶是不宜公开亮相的，所以，一般是用黄布包好，由人背着，跟在送嫁队伍的最后。无论如何，由马桶所象征的女性的生殖力，拥有一种宇宙结构亦即万物之母的模式[3]，这也正是连同马桶在内，女性的生殖力亦即成为母亲的能力之被神圣化的缘故。

提到马桶的神力，也就很容易联想到日本民俗学家饭岛吉晴对人类排泄物之"两义性"的提示。他通过对日本大量

---

[1] 〔英〕玛丽·道格拉斯：《洁净与危险》（黄剑波、卢忱、柳博赟译），第43页。

[2] 叶大兵主编：《浙江民俗》，第181页。黄顺炘、黄马金、邹子彬主编：《客家风情》，中国社会科学出版社，1993年6月，第104页。

[3] 〔罗马尼亚〕米尔恰·伊利亚德（Mircea Eliadea）：《神圣与世俗》（王建光译），第81页。

的相关民俗事象的归纳，指出粪尿在民俗中除了污秽性，还有丰饶性。[①]虽然日本存在着对于污秽之人之事之物的严重歧视，但另一方面，在一般庶民的生活世界里，确实又有对粪尿之丰饶性的广泛认知和类似的民间文化传承，这意味着令人厌恶的污秽之物，又往往能够成为生命之再生、苏醒和生命力之肥沃丰饶的象征[②]。在韩国，过去因为民间相信妇女是繁殖、丰收的象征，所以，贵族家庭主要供女性使用的"内厕"的粪便，比起主要供男性使用的"外厕"的粪便来，是要更有价值的，所以，故意使用"内厕"的粪便，就觉得庄稼更容易获得丰收。[③]

中国也有不少类似的民间传承。中国把人的粪便称为"人中黄"，认为它相当于人的"遗金"，故旧时有一些店家对于有人在店门前"遗金"，不仅不大介意，反倒会把它当作财运之兆[④]。用"童子尿"煮鸡蛋，认为它有营养（力量）的习俗，莫言小说《红高粱家族》和张艺谋电影《红高粱》中"我爷爷"那一泡尿，还有在"子孙桶"里放置红色的鸡蛋和男孩子往里撒尿的习俗等，其实，都是可以在同一个文脉或逻辑中得到说明的。梁宗懔《荆楚岁时记》里曾提到一个"令如愿"的故事：正月"又，以钱贯系杖脚，回以投粪扫上，云'令如愿'"。按照《录异传》对此的演绎："有

---

① 飯島吉晴：『竈神と厠神—異界と此の世の境—』、講談社、2007年9月、第197–207頁。

② 横井清：『的と胞衣　中世人の生と死』、平凡社、1988年8月、第170–172頁。

③ 〔韩〕郑然鹤："厕所与民俗"，《民间文学论坛》1997年第1期。

④ 周连春：《雪隐寻踪——厕所的历史、经济、风俗》，第37页、第85页。

商人区明者，过彭泽湖。有车马出，自称青洪君，要明过，厚礼之，问何所须。有人教明，但乞如愿。及问，以此言答。青洪君甚惜如愿，不得已，许之，乃是一少婢也。青洪君语明曰，均领取治家，如要物，但就如愿。所须皆得。自尔，商人或有所求，如愿并为，即得。数年遂大富。后至正旦，如愿起晚，商人以杖打之，如愿以头钻入粪中，渐没失所。后商人家渐渐贫。今北人夜立于粪扫边，令人执杖打粪堆，以答假痛。又以细绳系偶人投粪扫中，云令如愿，意者亦为如愿故事耳。"①应该说，这个故事表现了粪堆和财富的关系，但若联想到在江苏省泰兴一些地方，旧时有村民们围绕着粪坑追打不孕少妇，以为之求子的习俗，它似乎还有更深的寓意。过去在中国各地，旧历正月十五的夜里，有年轻的少妇与姑娘们举行的迎接厕神紫姑的巫术活动，她们向紫姑求问的丰歉吉凶，通常也总是潜含着对未来婚育愿景的向往。

污秽之物如马桶、如粪便之有神力，在中国的乡间民俗中还有很多独特的表象。例如，江苏一些地方，待马桶用久了，其内侧下方会结成一层暧昧的"垢"，箍桶匠把这些"垢"铲下包好，居然可以卖给药店入药用，据说主治内伤疾病。因此，过去甚至有小贩挑着新马桶去换人家的旧马桶，看起来亏本，其实是图那些"垢"，等铲下它以后，再把马桶重新修过，又可焕然一新。② 基于同样的原理，在广东省的佛

---

① 〔梁〕宗懔撰，宋金龙校注：《荆楚岁时记》，山西人民出版社，1987 年 9 月，第 13 页。

② 扎西·刘：《臭美的马桶》，第 122 页。

山一带，民间有认俗称"倒屎婆"的"清粪妇"做"干娘"的习俗，亦即让孩子给她做"契仔"[1]。虽然她们从事的工作很脏，其社会地位也很低，但仍有很多人前来拜亲。这其中的道理是妇女的粪便最为污秽（因为除了粪便的污秽，常常还有经血的污秽混入），连邪魔恶鬼都怕，因此，那些专门为女性清理粪便的妇女，就被认为具有杀气，连邪魔鬼怪也怕她三分，于是，她们就有了保护孩子的法力，就连她使用的"粪塔"（盛粪的道具）也被称为"混元金斗"，被认为可以镇煞辟邪。

当然，马桶作为镇煞驱邪之物的神力主要是象征性的，如果对它做本质主义的理解，往往就有可能闹出笑话。中国电影文学史上最著名的便溺被有些人认为是《大红灯笼高高挂》余占鳌的那一泡尿，它曾使"十八里红"酒更加醇美，到后来，这些酒甚至还成为反击日本侵略者的武器。但是，对于这种近似"抗日神剧"的桥段和民间的所谓"阴门阵"之类，均不可做本质主义解读。

（四）小结：陪嫁马桶作为"遗留物"

在中国传统的乡土社会里，江南水乡的女人们一生都离不开马桶，无论是从结婚到生育，还是每天必须洗涮马桶的作业，她们和马桶之间结下了不解之缘。自20世纪90年代以后，广大农村也开始逐渐地普及"抽水马桶"，都市化

---

[1]　刘志文主编：《广东民俗大观》（下卷），第474页。

进程的扩展，使得传统马桶逐渐趋于被淘汰的命运。城市住宅里的抽水马桶和乡间及某些老城区依然存留的传统马桶之间，形成了此长彼消的关系。因为便利和卫生，越来越多的人毫不犹豫地采用了现代化的抽水马桶，传统马桶也因此迅速退出了人们的日常生活。虽然旧马桶作为一种传统的民具，很多时候是直接就被弃置或当作垃圾抛弃，但仍有一些爱好者基于怀旧乡愁的情感，把它作为记忆过去的符号，并对它的"臭美"欣赏有加。

当旧马桶日益退出人们日常生活的时候，新马桶却仍然持续不断地被生产出来。在家具塑料化和合金化的现今，传统的木作家具渐渐趋于衰落，唯独马桶的制作在江南一带依然订单络绎不绝。事实上，伴随着彩电、冰箱等现代家用电器的普及，传统的嫁妆组合中那些箱、笼、柜、椅之类也大都已经慢慢地淡出，但唯独"子孙桶"依然被认为是必须的[①]。即使婚后，它不再被使用，也不能随便扔掉它，更不能将它借给他人。在南方各地人们的婚礼上，目前依然需要马桶作为"子孙桶"继续扮演它的角色。新马桶的实用性几乎等于零，可其象征性却丝毫没有衰退，因为即便是现代社会的两性婚姻，依然需要有女方持有并带到婆家的生殖能力，而基于民俗事象的传承惯性，这种生殖力仍需要马桶来予以表征。抽水马桶以其科学技术性毫无悬念地战胜了传统马桶，但抽水马桶却无法承载或被认为无法承载传统马桶曾经被赋予的那些象征性的意义。于

---

① 周连春：《雪隐寻踪——厕所的历史、经济、风俗》，第27页。

是，马桶作为一个"隐喻"，就成为"遗留物"而继续存活于当代中国的民间婚礼当中。

　　早期的民俗学曾经主要是研究"遗留物"的，这类研究之所以受到后来学者的批评，主要是由于它没能真正理解"遗留物"的意义。如果以现代婚礼上的陪嫁马桶作为例子，那么，以往把它作为"遗留物"去研究的话，主要就是追溯马桶的历史，以及这种陪嫁马桶的风俗的流脉，等等。但如果我们把注意力集中于这种"遗留物"在现代婚礼中的功能，那它就完全可以成为当代的研究对象。本文在探讨作为婚礼陪嫁的马桶时，尤其是那些将不再具有实用性的马桶时，不只是把它当作"物"，还把它当作一种深刻且永远不会过时的"隐喻"，应该说，如此的"遗留物"研究，同时也可以就是对当下的现代民俗学研究。

　　最后，我想举出一个例子来说明陪嫁马桶作为隐喻的意义（图34）。2007年6月，上海崇明有一对小夫妻因为感情不和离了婚，双方的离婚协议约定，女方的婚前陪嫁物品全部返还。当双方清点财产时，女方发现少了一只她陪嫁时带来的"木质铜箍马桶"，当即强烈要求一定要带回这只马桶，且不可用其他物品替代，并一口认定陪嫁马桶被男方家人藏了起来；男方家人则声称"不可能藏一只马桶"，于是，双方就对立起来，互不妥协。后来，在闸北法院法官的耐心劝说下，双方最终达成协议，由男方做一只一模一样的马桶，亲自送到女方家。之所以会有这个冲突，主要就是由于当地习俗认为，男女结婚时女方家陪嫁的马桶，主要是表示婚后将子孙满堂，是个好彩头；所以，一旦离婚，马桶就一定要讨回去，否则，就暗喻女方将来会无儿无女，很不吉利。①

图34　漫画：离婚夫妇为陪嫁马桶闹出纠纷

（天一绘）

这个案例使我联想到非洲本巴人通过被叫作"祈颂姑"的女子成人仪式，而使当事的女孩脱胎换骨，获得某些重要价值的情形②。根据英国人类学家理查兹和汉特曼等人的研究，本巴人此种仪式的目的，是促使一个本巴女孩"长大"，使她变成一个成熟的女人，一个准备结婚，并且能够在性交和月经的污染之后承担起净化丈夫和自己这一危险任务的女人。本巴人认为，没有经过此种仪式的女孩是"垃圾"，是

① 马芸："离婚夫妇为陪嫁马桶闹出纠纷"，《金报》2007年10月30日。
② 〔美〕麦克尔·赫兹菲尔德（Michael Herzfeld）：《什么是人类常识——社会和文化领域中的人类学理论实践》（刘珩、石毅、李昌银译），华夏出版社，2005年10月，第292–294页。

一口没点火的锅，亦即不是一个完整的女人①。如果参照中国人的情形，过去通常是在举行婚礼前，才为女子举行"笄礼"或"绞脸"之类的仪式，或者由于女子成人礼的衰微，遂将它合并于婚礼之中。当女子因为结婚而前往夫家时，她必须是已经具备了生育的能力，她的身体也已经为此做好了准备，甚至她还必须通过携行的陪嫁马桶向世人表明这一点。我们从马桶的制作过程中得以见证的那些被附加于其中的价值，对于新婚女子而言，具有非同寻常的重要性。假如不是这样，她的婚姻乃至于她的生命中，就会被认为缺失了一些必不可少的意义。

---

① 〔英〕奥德丽·理查兹：《祈颂姑——赞比亚本巴女孩的一次成人仪式》（张举文译），商务印书馆，2017 年 12 月，第 116 页。

附录二 "污秽 / 洁净"观念的
变迁与厕所革命 ①

当前中国社会正在全面推展的"厕所革命",已经、正在和即将产生一系列深远的影响。这些影响除了国家"形象"的改善、中国"厕所文明"的进展、卫生防疫状况的好转、国民健康水平的保障外,还有普通民众日常生活品质的提高。不仅如此,一般民众的如厕方式(包括蹲坑或坐马桶)和卫生观念,也将逐渐发生深刻的变化。更进一步,厕所革命还将潜移默化地影响到一般国民的"污秽 / 洁净"观念,以及基于此类观念的思考与行为。必须指出的是,在这里,事实上涉及两种性质不同,但彼此又有密切关联的"污秽 / 洁净"观念:一种是基于"分类"原理的"污秽 / 洁净"观念,另一种是基于"卫生"科学原理的"污秽 / 洁净"观念。除极其特别的例外,这两类

① 本文系日本学术振兴会科研费资助课题"'作为日常学之民俗学'的创造性——世相史的日常 / 日常实践 / 生活财生态学的国际协作"(课题编号:18H00780;2018—2020 年度;主持人:岩本通弥)的成果之一。发表于《云南师范大学学报(哲学社会科学版)》2019 年第 1 期。

不同的"污秽 / 洁净"观念，都是影响甚至规范人类排泄行为和排泄物处理体系的重大要因，与此同时，它们也都相信某些疾病或其传播是由于排泄物的管理不善所导致的污秽或污染造成的。可以预料的是，眼下厕所革命在中国的进程和成果，必将会进一步强化基于"卫生"科学原理的"污秽 / 洁净"观念，并在一定程度上弱化但又延续，甚或局部地复制或再生产出基于"分类"原理的"污秽 / 洁净"观念。本文拟从文化人类学和民俗学的立场出发，对上述两种"污秽 / 洁净"观念及其彼此的关系予以初步的梳理和辨析。

（一）基于"分类"原理的"污秽 / 洁净"观念

老一辈文化人类学家很早就揭示出"分类"行为对于人类各族群建构其社会、文化和生活世界之秩序所具有的重要性[①]。例如，对于社会世界中"人"的分类，就可以建构出等级制度、种姓制度、身份制度和性别制度等，从而生产出或维系着某种程度的社会秩序；对于生活世界诸多事物的繁复分类，可以使人们在日常生活中形成节奏和规范，产生意义和价值，进而使它秩序井然，于是，人生活其中便可怡然自得。人类具有从混乱的现实中寻找秩序的习性，抑或是需要。[②] 在文化人类学看来，分类表达了它们被建构于其中的

---

① 〔法〕爱弥尔·涂尔干、马塞尔·莫斯：《原始分类》上海人民出版社，2000年9月，第4页、第92-93页。

② 〔美〕麦克尔·赫兹菲尔德（Michael Herzfeld）：《什么是人类常识——社会和文化领域中的人类学理论实践》（刘珩、石毅、李昌银译），第219页。

社会；分类的行为，包括排序的顺次或在某种体系之中确定人、事、物的位置等，乃是建立井然有序之宇宙秩序的基本原理。正因为文化人类学关注的焦点之一就是秩序，所以，它对于那些和系统相关的范畴，亦即分类备感兴趣，也就毫不奇怪了①。重要的是，分类不仅涉及宇宙万物，也涉及人自身的身体，这意味着人类的身体也参与社会及文化秩序的建构。

参照了涂尔干和莫斯的经典性研究，英国人类学家玛丽·道格拉斯在其《洁净与危险》一书中指出："有污秽的地方必然存在一个系统。污秽是事物系统排序和分类的副产品，因为排序的过程就是抛弃不当要素的过程。"② 她的意思是说，污秽和某种具有系列性的排序的体系有关，人们通过排序和分类试图去建立秩序，但在这个过程中，就会排除一些被认为不妥当、不合适或难以被分类所整合的要素。那些无法被列入分类体系之内的事物，就是污秽。污秽就是没有或无法被包容在分类体系之内的事物，它和分类秩序相抗衡。它们只能被排斥在体系之外，否则，一旦当它们出现在体系之内，就有可能导致体系的崩溃，亦即对顺序井然的分类排列，进而对基于分类体系所建构的秩序构成破坏。因此，对于分类体系或者秩序而言，它们就是污秽之源。汉语常把"脏"、"乱"、"差"并列，这其实就是对污秽和无序之

---

① 〔英〕罗德尼·尼达姆："《原始分类》英译本导言"，〔法〕爱弥尔·涂尔干、马塞尔·莫斯：《原始分类》，第 124 页。

② 〔英〕玛丽·道格拉斯：《洁净与危险》（黄剑波、卢忱、柳博赟译），第 45 页。

间关系很为恰切的说明。

　　玛丽·道格拉斯指出，如果去除病原学和现代卫生科学的要素，我们就会得到对于"污秽"的古老而又最为根本性的定义：污秽就是位置不当的事物。所谓的不洁、肮脏或者污秽，主要就是来自其对于秩序之界限或边际的逾越，其本质就是无序，就是不在它本来应该处在的位置。对于道格拉斯而言，"世界上并不存在绝对的污垢：它只存在于关注者的眼中"①。研究者越是深入地思考与"污秽"相关的问题，也就越容易发现自己实际上和玛丽·道格拉斯一样，面对的乃是一个复杂的象征性的领域，它则可以成为通往一个更为清晰、整齐的"洁净"象征体系的桥梁②。日本人类学家波平美惠子曾经论及所谓"不净"亦即污秽的种类，她的基本区分如：卫生上不洁之物；虽然未必不洁，但却是怪异之物，例如，残疾和疾病；死亡的污秽；来自自然界的所有伤害；打乱人类社会秩序的事物等③。旅日韩国民俗学家崔吉城则特别研究了韩国民间信仰中的污秽，尤其是"产秽"和"死秽"的意义。④中国有一位青年学者，重庆大学的代启福博士在2014年的一次题为"脏的多样性"的讲演中，提到在中国西南一个多民族的村落社区里，"肮脏"（污秽）往往成为族

---

① 〔英〕玛丽·道格拉斯：《洁净与危险》（黄剑波、卢忱、柳博赟译），第 2 页。

② 同上书，第 44–45 页。

③ 〔日〕波平美惠子：『日本の民間信仰とその構造』、『民族学研究』第 38 号、1974 年 3 月。

④ 〔韩〕崔吉城：《韩国民俗纵横谈》（张爱花译），辽宁民族出版社，2003年 12 月，第 94–111 页。

际消极评价时的用语，但其实对于"肮脏"之物的评判，却并不存在绝对的标准。当一个自诩"洁净共同体"的群体评判近邻的其他族群不够卫生时，他们自身也完全有可能在另一个场景下被批判为"肮脏"。[①] 所有这些不同属性的污秽都有一个共性，亦即它们都是在某些"洁净"或"秩序"的象征性分类体系中，无法获得地位、无法被包容接受、无法被处理的存在。

有趣的是，在一个既定的社会里，被定义为"不净"的诸多事物彼此之间，以及其与人类排泄物的"分类"之间，往往是存在着一定的"同构性"关系。例如，在韩国的一些佛教寺院，要求僧人在如厕时背诵"厕所五咒"，以便把体内的所有疾病、烦心事、贪念欲望以及愚钝等，也同大小便一样排泄出去，从而使身体和心灵都得到洁净，据说如此认真实践的人，就会得到"善神"的眷顾和保护。[②] 在中国的一些禅宗寺庙里，上厕所本身是一种"修行"，其首屈一指的"清规"就是"干净"，因为这才是尊敬的根本。所以，僧人们必须认真地清扫厕所，对进出厕所时的洗手和身体规范有严格的要求，若是"不干净"，就不能到僧房向三宝下拜。[③] 日本佛教曹洞宗的祖师道元著《正法眼藏》，其洗净之卷提示了排泄的"作法"（规矩），正是他将日本寺院的厕所规定为"东司"，确定了从进入便所直至排泄之后身体局部的洗净方法，以及洗手等规矩的细节。他说这是根据

---

① 代启福："脏的多样性"，2014 年 12 月 14 日参加 TEDxCQU 演讲内容的文字版。
② 〔韩〕金光彦：《东亚的厕所》（韩在均、金茂韩译），第 46–53 页。
③ 同上书，第 133–135 页。

佛陀所从事的方法，同时也是中国寺院里执行的规矩。①

　　玛丽·道格拉斯还讨论过人类的身体作为社会及宗教之象征的意义。她指出，人类身体为其他复杂的体系提供了象征的源泉，身体的边界可以代表任何有威胁和不牢靠的边界，如果我们不将身体视为社会的象征，并且不将它们看作是微缩地再现于人体的社会结构所面临的力量与危险，那么，我们也就无法解释从人体孔穴中排出的事物何以成为主要的污秽之源。② 这些来自身体的污秽物质，因为反秩序而同时具有危险性。这是因为当涉及个人与外部世界之间的界限或关联时，那些被排除出来的事物（排泄物、分泌物以及脱落物等），常常被视为是处于"边缘"的状态，也因此，它们就被认为是恶心的，有关它们的文化禁忌也就尤其强烈而繁多。不仅如此，它们往往还被认为拥有导致危险（破坏秩序）的力量。正是因为从人体孔穴排出的全是明显的边缘之物，唾液、血、乳汁、尿液、粪便或者眼泪等，它们越过了身体的边界，所以，就都是肮脏的和危险的。③ 在道格拉斯看来，身体的社会分类非常值得关注，这是因为社会化的身体是暧昧的，它同时既是文化的，也是自然的；既是有秩序的，也是混乱的；人类身体的自然方面，包括身体的功能，对于脆弱的社会共同体的秩序是具有威胁和潜在危险的。也因此，

---

① 塩見千賀子、伊藤ちぢ代、生島祥江、石田貴美子：「排泄の文化的考察」、『神戸市看護大学短期大学部紀要』、第 16 号、1997 年 3 月。

② Mary Douglas, *Purity and Danger: An Analysis of Concepts of Pollution and Taboo*, London and Henley: Routledge and Kegan Paul, 1976, p. 115.

③ 〔英〕玛丽·道格拉斯：《洁净与危险》（黄剑波、卢忱、柳博赟译），第 150 页。

人类身体的边界就可以成为社会之边界的隐喻；采用严格的文化规则去限制身体的功能，对于社会的秩序而言，就极具重要性。①

美国人类学家谢里·奥特纳曾非常深入地讨论了污秽的两大来源：自然和女人。她在其著述《夏尔巴人的纯洁》中指出，在夏尔巴文化中，一系列的污秽事物和行为（污物、性交、通奸、出生、疾病、死亡、难闻的气味、肮脏的食物、低等种姓等），实际上是反映了一个更大的和更加连贯的象征体系，这一点和道格拉斯把污秽理解为游离于分类体系之外，多少有所不同。奥特纳指出，所有的人类分泌物（粪便、尿、精液、血液、体液）都是污秽，这主要是因为它们和动物相像，而唯独眼泪有所不同，因为只有人类才有眼泪。换言之，在夏尔巴人的社会文化中，分类和污秽的关系还存在着其他多样的象征性。② 在奥特纳看来，一个文化中的象征体系，与其说是对其深层结构或社会秩序的反映，不如说它为该文化中人的行动提供了可供参照的基础或模式。持类似见解的还有英国社会人类学家尼达姆（Rodney Needham），他曾经对人体的左手和右手所分别代表的不同隐喻进行过深入研究，并发现在有些文化里，左手边常与低等、黑暗、肮脏及女性有关，右手边则代表着高等、神圣、光明、男性和统治。③ 在尼达姆

---

① 〔挪威〕托马斯·许兰德·埃里克森：《小地方 大问题——社会文化人类学导论》（董薇译），商务印书馆，2008 年 12 月，第 311 页。

② 〔美〕杰里·D. 穆尔：《人类学家的文化见解》（欧阳敏、邹乔、王晶晶译），商务印书馆，2009 年 7 月，第 325-342 页。

③ 〔日〕綾部恒雄編：『文化人類学 20 の理論』、弘文堂、2006 年 12 月、第 138-139 頁。

看来，类似这样左手与右手的不同象征，其实是基于特定社会的价值观念而对社会分工所作的安排或规定。

由于人类身体具有的普遍性，身体作为有关"污秽／洁净"之意义创生的源泉，也具有普世性。就是说，关于"污秽／洁净"的观念及其规则，能够经由人类所有族群所共享的摄取与排泄的生物学体验而导引出具有普遍性的原理。例如，人类生活中"生理"的侧面，包括性交、撒尿、拉屎、呕吐、月经等多种方式，身体的这些活动或其方式以及相关的滋生物，总是被所谓"高雅"文化或阶层定义为是"恶心的"①。显然，人类社会的"污秽／洁净"观念所涉及的绝不仅仅是卫生科学层面的问题，它其实主要是与社会文化及日常生活的秩序生成和再生产密切地纠葛在一起，也因此，它是人类社会超越时代和民族而存在的基本问题②。

不难理解，世界上所有的社会或族群都对人自身身体的"污秽／洁净"问题高度关注，并且，通常也总是倾向于刻意回避身体的污秽，将其置于视线之外，或熟视无睹，装作看不见；同样，人们也总是尽可能地忌讳、回避和高度厌恶别人身体的污秽。③换言之，几乎所有的文化，都存在如道格拉斯所揭示的上述那种基于"分类"原理的"污秽／洁净"观念，并将其体现在对于人自身身体的认知和理解上。这意味着在

---

① 〔英〕戴维·英格利斯（David Inglis）：《文化与日常生活》（张秋月、周雷亚译），中央编译出版社，2010 年 6 月，第 138 页。

② 胡宗泽："洁净、肮脏与社会秩序——读玛丽·道格拉斯《洁净与危险》"，《民俗研究》1998 年第 1 期。

③ 〔加〕约翰·奥尼尔：《身体五态：重塑关系形貌》（李康译），第 34 页，北京大学出版社，2010 年 1 月。

超出或不同于卫生科学之"污秽/洁净"观的意义上，所有文化都把人类的排泄物视为是有害的、危险的和污秽的，因此，也是需要强化管理的。例如，在《旧约全书》的《申命记》中，基督徒被教育说人类的粪便令人恶心，会让上帝不高兴；因此，希伯来人在出征时，就必须要在营地外确定一个地方作为便所，并预备一把铁锹，于营外便溺之后，要铲土掩埋方可。再比如，中国藏民族的"污秽/洁净"观念，大体上遵循着宗教的神圣原则和内外有别的区隔分类原则。前者是说因为神圣而洁净，从而使得佛教神圣的洁净与世俗世界的污秽形成鲜明的对照[①]；后者则是说藏民族也和其他所有民族一样，视人类排泄物为污秽，故其厕所必须和日常起居的生活空间相互隔绝，旧时之所以经常把排粪口安排在临街，正是因为它属于外部。于是，其家内的清洁和街头卫生之差的强烈对比，其实是与此种内外有别的"污秽/洁净"观念有关。[②] 中国人类学家刘志扬曾经举例说明，前些年在拉萨市的一些蔬菜大棚，因为要在其内浇灌粪肥，故有很多藏族同胞难以接受"室内"的污秽而拒绝到蔬菜大棚里去劳动。类似的又如，在藏区一些地方的改厕工作中，人们对于在室内设置卫生间颇有拒斥心理。这些例子均非常生动地说明了基于"分类"原理

---

① 此种"污秽/洁净"观念认为，与世俗生活有关的一切都是污秽的，故需要不断地举行净化仪式；而与佛教有关的一切均是神圣、洁净的，因此，即便是活佛的排泄物也会因为神圣而在超越世俗的意义上成为洁净之物。参阅刘志扬："藏族洁净观念的宗教社会原则与嬗变——以拉萨农民为中心的文化诠释"，载王建新、刘昭瑞编：《地域社会与信仰习俗——立足田野的人类学研究》，中山大学出版社，2007年12月，第246–271页。

② 刘志扬：《乡土西藏文化传统的选择与重构》，第271–282页。

的"污秽／洁净"观念，对于人们行为的影响深刻而又持久。

（二）身体的驯化：文明社会的个人基础

身体曾被马塞尔·莫斯视之为人类使用的第一个工具。人类自身的身体既是生物／动物性的存在，又是社会／文化性的存在。在关于人类身体的所有可能的分类当中，例如，摄取与排泄、上半身与下半身、身体的文化（社会性）与身体的自然（本能性）等等，人体的排泄物都毫无例外地被视为令人厌恶的污秽。于是，如何正确地排泄，例如不使排泄的污秽发展成蔓延的污染、不使他人窥见，如何应对或处置排泄物，例如掩埋、冲刷，不使它留在视线之内等，就成为了人之为"人"的最基本要求。在某种意义上，我们可以把人对于自己身体的此类认知、管控以及相关的习俗惯例等，视为是如美国民俗学家凯瑟琳·扬（Katharine Young）所定义的所谓"身体民俗"（bodylore）的一部分，诸如此类的"身体民俗"往往是以"体知"（bodily knowing）的形式而存在，并经由身体的实践参与构建该当社会及文化的意义①。

虽然程度有所不同，但事实上，人类所有的社会和族群，几乎都没有例外地需要致力于掩饰人身体的此类（或其部分的）自然本能的属性，这正如心理学家弗洛伊德揭示出的那样，"文明人"看到任何使他们过多地想起自己动物本能的

① 彭牧："民俗与身体——美国民俗学的身体研究"，《民俗研究》2010年第3期。

事物，都会明显地感到局促不安。他用"文明"一词描述约束我们的文化规范和价值，在他看来，这种"文明"依赖于摈弃本能的满足；"文明"灌输给我们一种思考方式，使我们在本能驱动做某些事情时感到羞愧，例如，深溺于性欲或随地大小便。[①] 也因此，对于生理性或动物本能性的排泄行为及其后果的排泄物的管理和处置，便构成了人类文明最为根本的基础。正是在这个意义上，厕所也就成为衡量人类文明进化程度的一个重要的标尺。

排便或如厕训练，是所有的社会或族群都需要将其儿童培养成为其社会或族群可以接受的成员的最初努力，也是任何个人均需要接受的如社会学家们所说的"社会化"，或者如人类学家所说的"文化化"的一部分。在个人层面，弗洛伊德很早便正确地指出，排便训练始于幼儿时代，根据其幼儿发展阶段的理论，幼儿时期的排便训练，同时也就是使人"文明化"，并为社会奠定基础的途径[②]。"只是在社会化的过程中，儿童逐渐内化了其父母关于洁净、得体和秩序等的观念价值后，儿童才学会如何举止'得当'，学会如何使自己适应社会的标准。"[③] 例如，在儿童将注意力集中于肛门的时期，他的满足感和对粪便的执迷有关，粪便被视为他自身的扩展，对他而言，粪便只是中性的废料，但他通过母

---

① 〔英〕戴维·英格利斯：《文化与日常生活》（张秋月、周雷亚译），第28页。

② 〔瑞典〕奥维·洛夫格伦（Orvar Lofgren），乔纳森·弗雷克曼（Jonas Frykman）：《美好生活：中产阶级的生活史》（赵丙祥、罗杨等译），第163页。

③ 〔美〕兰德尔·柯林斯、迈克尔·马克夫斯基：《发现社会——西方社会学思想述评（第八版）》（李霞译），商务印书馆，2014年5月，第233页。

亲换尿布时的行为举止，逐渐意识到粪便的负面性。慢慢地它就与臭的、脏的以及"坏的我"联系在了一起。如此的训练便是个体"文明化"的开端，来自社会与文化的压抑的种子通过教导孩子自我控制其排泄而得到播种。[1]

　　儿童的清洁感，他与自己排泄物的距离，以及如何应对它们的方法和能力等，均是因训练而获得。经由照顾婴儿或小孩的大人或组织机构（例如，保育院、托儿所和幼儿园），依据社会通行的行为标准，将孩子们抚养成人，这一过程有赖于婴儿或孩童对如何才是正确或适当之行为的内心体认，通常，此类知识就是从与母亲之间的互动，诸如吃喝拉撒、梳洗爱抚等体验开始而得以传递的。[2]孩子们在排泄方面的自立，其实就是能够较为自如和有意识地控制和支配自己的"肛门括约肌"和"膀胱括约肌"，而这些能力均是因后天的训练而获得。所有的社会或族群都会毫不懈怠地将他们的"洗手间"（厕所）文化灌输给儿童，从而控制其排泄行为和排泄物。孩子们从小就被教育或引导，形成对于排泄行为和排泄物之类身体自然或生理部分的羞耻感，这被认为是起码的羞耻之心。[3]在这个过程中，排泄物总是被说成"污物"，是肮脏的，不可触摸且"臭不可闻"，对于它们应该感到羞耻、厌恶和恶心。文化人类学家们大多倾向于认为，此类"厌恶"

---

[1]　〔美〕兰德尔·柯林斯、迈克尔·马克夫斯基：《发现社会——西方社会学思想述评（第八版）》（李霞译），第236页。

[2]　〔加〕约翰·奥尼尔：《身体五态：重塑关系形貌》（李康译），北京大学出版社，2010年1月，第10页。

[3]　〔法〕乔治·巴塔耶：《色情史》（刘晖译），商务印书馆，2003年3月，第48页、第57页。

的情感其实是后天习得的，婴孩是通过学习才对粪便感到厌恶，这一切并非"天性使然"。[①] 这么说不仅是因为人类的母亲对于自己婴孩的粪便远没有别人家婴孩的粪便来得那么令人厌恶；事实上，在医院的病床前，患者本人、家属和医护人员对于蓄尿瓶有多么肮脏的感觉和意识，也往往存在着很大的差异。而且，若是和动物相比较，人类对于自身的排泄物感到气味难闻，但动物却似乎没有此类倾向。简而言之，个人层面的身体洁净因为接受过排便或如厕训练而获得，与此同时，个人层面的礼貌和修养也从如厕训练开始逐渐养成。这其实就是人的身体的自然或本能性，被社会（或文化）所驯化的过程。[②]

中国各民族也不例外，也都是在儿童自幼开始的"社会化"过程中，便已经在促成其有关吃喝拉撒睡的文化规范，例如对于排泄行为的自控、对于排泄物的厌恶等。在陕西省的洛南县农村，初生婴儿是可以随时随地便溺的，即便撒到大人身上，也不会被指责；旧时乡村妇女哺育孩子，其繁重的工作之一就是洗尿布，尿布需要频繁地更换和保持干爽与清洁。其实，男孩在少年期到来之前，也大都不受苛责。小孩在 3–4 岁之前，尿床也不受责骂，但如果到 5–7 岁时还尿床的话，就会被大人批评，甚至斥责，并引发强烈的羞愧和自责。[③] 中国直至不久以前，亦即在"纸尿布"被发明和得

---

① 〔英〕戴维·英格利斯：《文化与日常生活》（张秋月、周雷亚译），第 31 页。

② 同上书，第 35–37 页。

③ 张继焦："洛村汉族儿童的社会化过程"，《民族研究》1998 年第 1 期。杨懋春：《一个中国村庄：山东台头》（张雄、沈炜、秦美珠译），第 211 页。

以普及到中国之前，即便是女孩，在两三岁之前，也可能和男孩一样穿"开裆裤"。有人认为传统社会的"开裆裤"，意味着孩子们可以随时随地便溺，故较难养成对于排泄行为的自律[①]，也有人因为"开裆裤"暴露了婴孩的隐私而感到不妥[②]；甚至还有人根据弗洛伊德的"肛门期"理论来解释部分中国人不够文明的如厕行为，认为有很多问题，例如，随地吐痰、随地大小便等恶习，即来自孩童阶段，因为中国文化的育儿期只重视吃喝的"口腔期"而相对较为忽视排便训练的"肛门期"。至于这种解释是否有一定的道理，姑且不论，可以指出的倒是，"开裆裤"确实方便而又实用，它可以减轻大人育儿的辛劳，其实也未必就一定会妨碍对儿童的排泄训练。

在现代中国，尤其是在学校社会，对于少儿少女排泄行为的规约极其严厉，对于"随地大小便"的行为，经常是以起哄、嘲笑、讽刺等使当事人感到无比羞愧的方式予以制裁[③]。依据中国各地中小学课堂纪律的逻辑，既然有专门的下课时间供学生上厕所解手，那么，上课时间一般是不准上厕所的，除非在特殊情况下，向老师请假，经同意之后才能去。这意味着小学生必须学会忍耐长达一个课时的"内急"。和未成年人相比较，社会文化对成人的规范则要更为严厉，

---

① 冯肃伟、章益国、张东苏：《厕所文化漫论》，同济大学出版社，2005年4月，第80–81页。

② 尹学芸：《慢慢消失的乡村词语》，中国青年出版社，2009年6月，第89–90页。

③ "因尿急随地小便被同学哄笑 小女生出走下落不明"，中新社，2001年5月15日。

大人是不得像幼童一样随地方便的，若是在公共场所随意随地方便，就极有可能因违反"公序良俗"而受到行政处罚乃至法律的制裁。这意味着人们的排泄行为受到社会与文化的强力规制，不当的排泄行为极有可能被视为是个人的责任或道德问题。

个人层面的身体驯化和自我控制，当然是有重要的社会性的意义。在社会层面上，只有对所有人的排泄行为和排泄物均予以严格的管控和妥善的处理，才可以维持某种底线之上的秩序，方可成就基本的社会文明状态。弗洛伊德曾经指出，现代西方社会的厕所文化异常严格，比其他非西方社会更加特别地强调对于人类排泄物的排斥，以及对于所谓"得体"或适当之行为的严格控制规则，亦即人只在一定的时间和地点，排泄的意图和行为才被认为是合理的、可以接受的。否则，它就是令人感到窘迫、羞愧和难以接受的。例如，在资本主义的职场劳动规范当中，就有针对员工如厕的严峻规范。劳动者们在生产线上被严格管理，而如厕时段则被认为有可能是为了逃避劳动，所以，如厕时间通常被规定在几分钟之内。[1] 所谓的"工具理性"就是这样强加于身体。身体的自然节奏（内急）和工作节奏（职场秩序）之间发生冲突的可能性，必须是在劳动者的训练当中被缓解甚至克服，这种状况比起中国学校里学生们忍耐尿急时的窘境，有过之而无不及。由于个人层面的排泄训练只是提供了社会

[1] 〔英〕戴维·英格利斯：《文化与日常生活》（张秋月、周雷亚译），第32-33页。

秩序和社会性管制的基础，而完全不能替代它，因此，尤其是在现当代，观察一个社会是如何处理和管制粪便和下水道之类的公共事务，大概就能够窥知它是如何对待和管理自己的人民的[①]，而这一点眼下已越来越被认为是跨文化的全球共识。

无论是个人层面，还是社会群体或组织的层面，现代社会均倾向于通过规范人的身体，尤其是以性和排泄为主的行为来驯服人类的动物本能性。在很多社会性的场景下，社会文化的经常期待和人自身身体的本能性欲望之间形成某种程度的对峙或紧张关系，从而构成具有强制性的规范和压力。文化的规范就是通过驯服人自身难以驾驭、没有节制、以性和排泄行为的不稳定驱动形式而存在的人类本性，从而使得社会的机制发挥作用。也因此，某些反社会的行为或反权威的幽默，经常就以下流、淫秽或肮脏的形式表现出来，不惜将性或排泄之类的禁忌主题公之于众并以此为乐，例如，大骂脏话等，为的就是故意藐视"文明"社会的准则[②]，从而颠覆当前社会的秩序或其局部的规则。

对于性和排泄行为的尴尬、厌恶和羞耻心，始终伴随着近代以来现代社会的"文明"在欧洲及其以外其他地区的成长与扩展进程之中。诺贝特·埃利亚斯在其大作《文明的进程》中指出，对于身体动物性（兽性）的控制，亦即"教养"，

---

① 〔英〕罗斯·乔治：《厕所决定健康——粪便、公共卫生与人类世界》（吴忠、李丹莉译），导言第 XV 页。

② 〔英〕戴维·英格利斯：《文化与日常生活》（张秋月、周雷亚译），第137 页。

构成了"文明化"过程或其过程之结果的一部分，在"文明化"的过程中，人们试图驱逐一切可能使他们联想到自己身上"兽性"的感觉。① 在埃利亚斯看来，"文明化"并非人类"理智"的产物，而是在外部强制和自我控制之下，个人的情感及所有行为的变化不断地积累，朝着日趋严格和细腻的方向发展。以19世纪后期至20世纪前期的瑞典为例，当时的中产阶级就是通过"如厕习惯"把乡下人和文明人区分开来的，在他们看来，乡下简陋的厕所象征着底层的低等生活方式，与之相关的还有社会适应不良、贫困和道德放荡等。② 尽管如此的"文明论"有欠公允、不乏偏见，但它却拥有强大的说服力甚或压力，并在随后欧洲殖民主义的全球性扩张中屡屡成为殖民者"文明优越感"的依据。这个并不优雅的"文明化"进程是长期的全球社会发展过程，朝向着一个既定的方向；这一进程的特色性机制，便是各种外来强制逐渐被内化，最终变成自我的强制和自我控制，从而促使人类的本能性事务被排挤到社会生活的后台，并蒙上羞耻感。③ 这方面一个明显的例子，便是对于性骚扰的指控更加严密化了，在一些更加"文明"的社会里，它和对于私生活及隐私保护的严格化，

① 〔德〕诺贝特·埃利亚斯：《文明的进程——文明的社会起源和心理起源的研究》（王佩莉译），第一卷"西方国家世俗上层行为的变化"，第63页、第207页。

② 〔瑞典〕奥维·洛夫格伦（Orvar Lofgren），乔纳森·弗雷克曼（Jonas Frykman）：《美好生活：中产阶级的生活史》（赵丙祥、罗杨等译），第157–165页。

③ 〔德〕诺贝特·埃利亚斯：《文明的进程——文明的社会起源和心理起源的研究》（袁志英译），第二卷"社会变迁 文明论纲"，第251–252页。

均指向着大体上一致或接近的方向。日本社会近些年出现的"新新人类"——"草食男子",某种程度上正好可以被看作是为了避免触碰性骚扰的红线而学会了自我控制的一群男性。

在现代社会的公共社交生活里,涉及性与排泄之类行为和事物的耻辱感,促成了人们的自我控制和自我约束,从而为社会管控个人的本能性、生理性和情绪冲动性的私生活提供了稳定超然的体系性机制,这便是所谓的"文明"。这样的"文明"一经产生,它就会不断地被强化,不仅在个人层面,同时也在国家、民族和阶级的层面,将一切不符合其规范的行为或事象斥之为"野蛮"、"不文明",从而通过羞愧、尴尬、厌恶之类的情感力量,促成强制性的规范;进而再从外在性强制,渗透为内在的自我强制,以不断延展"文明"的势力范围。

(三)污秽、禁忌与力量

作为应对令人厌恶之事物的方法,例如,对与肮脏、污秽和难以启齿的性及排泄等,很多文化都发明出了采取迂回、委婉乃至于禁忌或隐喻性的指称与表述。不仅人们的排泄行为及其产物要被所属的社会文化程度不等地予以规制、编排和处置,而且,诸如"东司"、"雪隐"、"梅雨间"、"解忧室"、"五谷轮回之所"、"1号"、"松活堂"、"盥洗室"、"卫生间"、"化妆室"、"第五空间"等,用来避忌的称谓,千百年来也一直是络绎不绝、层出不穷,所有这些均显示出人们对于相关事物和行为的避忌之深。日本民俗学家饭岛吉晴曾经指出,有关厕所的各种称谓,大多具有和"中心"相对应的"周边"之类的含义。①在中国、日本和韩国,自古及今,始终存在着将人自身的排泄行为、相关器官及其产生的排泄物、排泄的场所等均予以避忌的委婉指代,甚或使之雅化的现象。②这种情形其实是古今中外,概莫能外。③这样做,无非是为了避免联想起人们总是试图遮掩或忘却的那些尴尬,使得这些难以回避的基本生活事实和人类本能相对地比较容易令人接受;同时也能够显示采用此类委婉称谓者的优雅或文明的品位。

通常,人们是不能以直接的方式谈论排泄行为、排泄物或相关的场所的,这意味着污秽的存在导致"禁忌"。包括道格拉斯在内的很多人类学家大都认为,禁忌来自对于跌落于分类范畴体系(通常伴随着命名的行为)之外的那些事物。对于那些难以名状的事物,不得不采用禁忌语委婉地去指代。禁忌当然不只停留在称谓指代的层面,它还深刻地影响到人们具体的行为。"最强的禁忌是有关人区分自身与世界的界限的,因此众多禁忌都聚焦于身体的界限上";"在涉及个人与外部世界之间的界限的时候,禁忌尤为密集:屎和尿、血和汗、口水和鼻涕、乳汁和精液,

① 飯島吉晴:『竃神と厠神─異界と此の世の境─』、第 144 頁。

② 黄涛:《中国礼俗语言与传统文化》,光明日报出版社,2015 年 10 月,第 204–206 页。〔韩〕金光彦:《东亚的厕所》(韩在均、金茂韩译),第 236–238 页。

③ 〔英〕罗斯·乔治:《厕所决定健康——粪便、公共卫生与人类世界》(吴文忠、李丹莉译),导言第 XVIII–XIX 页。

这些东西被认为可憎且令人恶心，被指控为拥有力量与危险，因为它们处于界限上"。[①]由于排泄物和排泄行为涉及个人与外部世界之间的边际，所以，相关的禁忌也就尤为强烈。一切边缘性、模棱两可、难以被分类等容易导致混乱的事物，也就容易引起禁忌[②]。边际或边缘状态成为禁忌得以成立的依据，同时也是使得那些被禁忌的事物拥有导致危险之能量或力量的依据。

在玛丽·道格拉斯的"问题意识"当中，始终威胁着"洁净"体系的"危险"主要来自"污秽"的存在。洁净的秩序因为整合性的分类体系而得以建立，但它总是会面临来自污秽的破坏性威胁。根除污秽就是对社会或世界的"净化"，就是对秩序的建构和维系，也是对包括生活世界在内的宇宙秩序的整理、整顿和组织化。文化人类学和民俗学所记录的无数形形色色的仪式，很多都具有"净化"属性，仪式之所以具有能够维系社会的秩序或强化文化的规范等功能，正是因为它通过"净化"的仪式环节，解除了来自污秽的威胁。禁忌的恐怖来自它一旦被打破所可能带来的危险，因为那样就意味着污染：污秽的传染与扩散，意味着无序状态，亦即对文明社会体系的破坏。正是由于禁忌之深，破戒解禁也就意味着高度的危险。这或许正是污秽所内涵着力量的奥秘所在。

处于边际或边缘状态的人、事、物，经常被认为是可能

---

① 〔瑞典〕奥维·洛夫格伦（Orvar Lofgren），乔纳森·弗雷克曼（Jonas Frykman）：《美好生活：中产阶级的生活史》（赵丙祥、罗杨等译），第 136 页。
② 万建中：《禁忌与中国文化》，人民出版社，2001 年 1 月，第 438 页。

导致污染的存在，甚或直接就是污秽本身，但另一方面，它
们也经常被揭示出拥有导致破坏或颠覆现有秩序的力量。就
像将诸如性和排泄之类的禁忌主题公之于众，必会造成强烈
冲击一样，粪便之成为"玩笑"或"诅咒"，不仅是在提示
人具有的双重性，更重要的是它们具有强力的攻击性。美国
遭遇"9.11"恐怖袭击后，在爱国主义的风潮下，有商家把本·拉
登的头像印在厕纸上，以供使用者泄愤。无独有偶，中国在
鸦片战争失利后，也曾有艺人做"英皇尿壶"，供人撒尿泄愤，
只是不知道是英国由女王统治，所作尿壶的造型以"约翰先
生"充之（图35）。这些都是以人类排泄物作为羞辱敌人的
武器的好例。

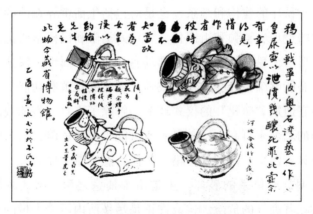

图35　黄永玉作品：英皇尿壶

　　在汉文化当中，当咒骂某人为"屎尿屁"或"大便"、
"粪土"等，甚或直接施以"泼粪"、"浇尿"等行为，
都是以排泄物作为非常轻蔑、强力侮辱或极度恶意的武器。
毛泽东诗词《沁园春·长沙》里的"粪土当年万户侯"，

就是表示藐视;《红楼梦》第十二回里,凤姐设计贾瑞,使他粪尿浇身,这是表示羞辱。似乎当某人或其所作所为被贬损地指称为"屎尿屁"或被宣示与"大便"等污秽之物有关,那么,他或她在社会和文化的秩序当中,就难以避免地陷入令人讨厌、恶心的尴尬境地,成为低级的人、事物或现象。以性和排泄的行为、器官及其滋生物为内容的詈骂,之所以具有强烈的攻击性和杀伤力,就是来自民间对于"不洁"之神秘禁忌的避亵心理。[①] 正是因为如此,肆无忌惮的詈骂,才能够对被羞辱的对象构成最大限度的伤害。污秽的此种颠覆秩序的力量,就是它最大的危险。

　　但是,污秽的力量不只是具有破坏性,它往往还具有建设性。在伴随着污秽的所谓"危险"当中,其实也就内涵着建设性。如果那些因为不能被整合进洁净性秩序体系之内,而被视为污秽的存在,一旦当它们因为各种因缘际会促成了对既有秩序的修补、改善乃至于重构,或促使新的分类体系成为可能的时候,其危险性就会变成颠覆或改革僵硬的既成秩序而推动变化及革新的建设性。若按照道格拉斯的说法,"我们可以有意识地面对这些反常的事物,并且创造出一个它们能够融入其中找到自己位置的新的现实模式"[②]。就此而言,英国社会人类学家尼达姆说的也非常精辟:"如果说我们社会人类学家首要的任务是识别秩序,并使之变得可以理解的话,那么搞清那些人们用来创造无序——也就是说,

---

① 张廷兴:"民间詈词詈语初探",《民俗研究》1994 年第 3 期。
② 〔英〕玛丽·道格拉斯:《洁净与危险》(黄剑波、卢忱、柳博赟译),第 49 页。

把他们的分类倒置过来或者完全打碎——的非常普遍的习俗与信仰，也是一项同样至关紧要的工作。"[①] 这就犹如"厕所革命"必须以对厕所不可描述之现状的暴露（打破禁忌）为起始一样，想要建立新的秩序，就必须为那些排泄物安排好新的去处。

文化人类学家山口昌男在他的"文化与两义性"理论中特别指出，包括我们身体在内的"小宇宙"的秩序，通常是经由和那些被排除的事物，例如，粪便、经水、毛发、母乳、唾液等的对比而得以确认的，这些在日常生活中被排除的"反秩序"的事物往往具有越境的属性。[②] 民俗学家饭岛吉晴曾经对"便所"和"屎尿"的境界性和两义性进行过深入的分析，通过对日本社会及文化中大量的民俗事象的梳理，他揭示说厕所和人类的排泄物既具有污秽性，又具有丰饶性。对于其污秽性，想必不难理解；而所谓丰饶性，亦即潜在于其中的充沛的生命力，这一点通常也不难从粪尿作为肥料而具有的价值或"肥力"获得理解，并可以从东亚各国以粪尿为有机肥的相关农谚中得到佐证。不仅如此，厕所和人的排泄物还是"污秽/清静"、"死/生"的境界性的存在。[③] 若是从"两义性"的角度去思考，其在此应该还有更为深刻的内涵。例如，在世界上很多民族的神话中，我们常常可以发现所谓"排

---

① 〔英〕罗德尼·尼达姆："《原始分类》英译本导言"，〔法〕爱弥尔·涂尔干、马塞尔·莫斯：《原始分类》，第 124 页。

② 山口昌男：『文化と両義性』、第 115–116 頁、岩波書店、2000 年 5 月。

③ 飯島吉晴：『竈神と厠神—異界と此の世の境—』、第 150–151 頁、第 197–207 頁、講談社、2007 年 9 月。

泄物创世"或"排泄造人"之类的主题①，这些神话故事的内容，往往是说宇宙万物或人类族群是由某位创世神或某位民族始祖的排泄物中化生而成的。在日本和韩国，也有不少类似的故事，其中粪尿成为可化生万物的神圣性的物质②。若是依据弗洛伊德的性发展理论和排泄理论，由于儿童无法理解婴孩是通过性的交合而产生的这一过于复杂的过程，也由于很多文化都倾向于向孩童"隐瞒"婴孩的来历，因此，儿童从一开始就会倾向于觉得婴孩就是像粪便那样被排泄出来的③。如果我们把神话传说理解为是人类"童年"时代对于宇宙万物的想象，那么，来自弗洛伊德的理论或多或少也就可以构成对于排泄物内涵之丰饶性和生育力这一见解的某种支持。

正如人的身体（包括其某些部位及器官）可被视为超自然、自然以及社会文化体系的某些隐喻或象征，因而能够成为某种形态思维方式的工具，以使它们被用来建构独特的"宇宙观"一样，人体的分泌物、排泄物和脱落物，也都有资格成为其"宇宙观"之世界图式的基本素材或其特殊的构成物质。上述对粪尿之"两义性"的分析，恰好可以说明这一点。关于排泄物之具有丰饶性和可以孕育生命力的信仰，在中国也并不鲜见。例如，在浙江省的东阳一带，一直以来，就有

---

① 〔美〕阿兰·邓迪斯："潜水捞泥者：神话中的男性创世说"，阿兰·邓迪斯编：《西方神话学读本》（朝戈金等译），广西师范大学出版社，2006年6月，第328-356页。

② 〔韩〕金光彦：《东亚的厕所》（韩在均、金茂韩译），第85-86页。

③ 〔美〕兰德尔·柯林斯、迈克尔·马克夫斯基：《发现社会——西方社会学思想述评（第八版）》（李霞译），第234-247页。

以"童子尿"煮食鸡蛋的风俗，人们相信这样的鸡蛋更有滋补的营养，对于人的身体有莫大的好处。有趣的是，人们对待"童子尿"的态度，是在尽力避免其作为排泄物之"污秽性"（童子尿被认为是远比成人尿更为纯净）的同时，而执着于它"丰饶性"的力量。与此类似的，还有中国医药学将"胎盘"（所谓"紫河车"）视为大补之药的意识形态。胎盘或胞衣作为人体的脱落物（这一点类似排泄物），而且作为女性"产秽"的产物，其"两义性"也颇为典型。当代中国社会的公众与媒体围绕着如何处置它的争论，主要就来自持有不同观点的人们，分别关注或强调了其"两义"中的一个侧面，或者说它恶心，应该作为妇产科的医疗垃圾来处理，或者说它是大补，不仅可以强壮身体，甚或还有助于不孕者受孕。

古今中外大量把排泄物视为药物来利用的情形，同样可以说明这一点。在朝鲜时代，女人们以尿液洗发去污，这个传统其实可以上溯至《魏书·勿吉传》和《唐书·黑水靺鞨传》等文献中有关"俗以人溺洗手面"之类的记载。实际上直至最近，因纽特人仍有使用这种方法的情形。在历史上，韩国民间通过饮用"童子尿"治疗各种疾病的俗信，也一直颇为盛行[①]；而在中国，眼下仍有一些视人尿为"回龙汤"、并坚持"尿疗"实践的亚文化群体。至于将神佛圣人的排泄物作为"灵药"的俗信，同样不在少数。中国藏地活佛的排泄物，就被认为不同于俗世普通人体的污秽的排泄物，它因为活佛的神圣身份而具有了神圣的力量，故可以被当作珍贵

---

① 〔韩〕郑然鹤："厕所与民俗"，《民间文学论坛》1997 年第 1 期。

的灵丹妙药受到推崇。无独有偶,在日本古代著名的"天狗草纸"("传三井寺卷")上,就画有妇人乞求(一遍上人)尿液的场景,这也是把圣人的尿液当作了灵验的神药[①]。

(四)"卫生":基于科学原理的"污秽 / 洁净"观念

如果说基于"分类"原理的"污秽 / 洁净"观念,曾经并仍在持续和深刻地影响着人类的排泄行为和文化对于排泄物的处置或定位,那么,现代卫生科学的崛起,则对其造成了明显的刷新。在现当代社会,"卫生"成为影响人类排泄行为和排泄物处置的最重大因素。虽然经由卫生科学而得以确立的现代性的"污秽 / 洁净"观念,也和基于"分类"原理的"污秽 / 洁净"观念一样,都是把人类的排泄物视为很多疾病的根源,但从其原理和逻辑来看,它们是属于两种完全不同的"污秽 / 洁净"观念。曾经有人将两者对立起来,"医学唯物主义力图通过科学的、医学的和卫生学的原理解释洁净的规则",与这种"纯粹理性的、科学的解释"正好相反的,乃是所谓"原始人"的仪式与规则,它们"全都是非理性的,只有巫术的和神秘的意义"[②],但这些在中国社会的语境中,往往就是"迷信"。道格拉斯本人并不完全同意把它们说成是"卫生学"与"象征性"、"杀死病菌"与

---

① 横井清:『 的と胞衣 中世人の生と死』、第176–182頁、平凡社、1988年8月。

② 周星: "生活革命与中国民俗学的方向",《民俗研究》2017年第1期。
〔英〕菲奥纳·鲍伊(Fiona Bowie):《宗教人类学导论》(金泽、何其敏译),中国人民大学出版社,2004年3月,第52–53页。

"驱逐精灵"的简单二元对立，反倒是较为重视和倾向于强调两者之间惊人的相似性。诚如人类学家许烺光所揭示的那样，当一个社会在遭遇到诸如霍乱之类的危机时，人们具体地是求助于关于超自然的神灵，抑或是求助于精通细菌、药物、注射之类知识的医疗专家，这往往取决于他们所属的社会和文化的逻辑。在中国自近代以来，人们往往是采取了将上述看起来似乎是难以兼容的逻辑，随机应变地予以整合或拼接的方式①。这种看起来颇有些"机会主义"的应对策略，却也反证了道格拉斯的见解，亦即它们彼此之间并非是绝对排斥的。

现代卫生科学的"污秽/洁净"观念的诞生和确立，主要是建立在细菌学、病原学、传染病学、防疫科学等卫生科学的基础之上，因此，它拥有"科学"原理的鼎力支持。首先是在西方各国，接着便是在全世界几乎所有的国家、社会与民族中，人类有关"污秽"和"洁净"的传统观念，在过去一百多年当中，被细菌学和病原学等所发现和积累的卫生科学知识大面积地覆盖了：在人类和动物的排泄物中含有大量危险的病原菌，这些细菌可以导致可怕的传染性疾病。但是，这些全新的科学知识，与其说消灭了传统的基于"分类"原理的"污秽/洁净"观念，不如说和它形成了契合、互渗，有时候也不乏对峙和冲突的关系。甚至在不少情形下，卫生科学的知识还有可能促使基于"分类"的"污秽/洁净"观

---

① 许烺光：《驱逐捣蛋者——魔法·科学与文化》（王芃、徐隆德、余伯权译），台湾南天书局有限公司，1997年1月，第82–85页。

念进一步得以强化，或者又以另外的形式及面目被"再生产"出来。诚如玛丽·道格拉斯所评论的那样，当代欧美人士对于"污秽"的规避是基于卫生学原理，是以关于致病生物的知识为依据的，这种"污秽 / 洁净"观念起源于 19 世纪医药史上的伟大革命，亦即对于细菌传播疾病这一类事实和现象的发现，因此，这种基于病原学的"污秽 / 洁净"观念，其实并没有那么悠久的历史。但在它的成立和介入之前，欧美人同样持有那些更为古老的"污秽 / 洁净"观念，而只有在将病原学和卫生学的因素去掉之后，仍可浮现出有关"污秽"或"洁净"的古老定义[①]。

医学唯物主义通过进一步具体地在各种病原菌和疾病之间发现和建立起关联性的知识，不断地改变和刷新着现代社会的"常识"，从而将此前人们主要是基于"分类"原理而对"污秽"的避忌改变成为"卫生"观念，这其中既包括"个人卫生"的层面，又包括"公共卫生"的层面。依据自然科学的成就，现代发达国家在其过往的"文明化"进程中，主要是通过对含有人类排泄物在内的污水进行必要的处理，以维系公共卫生的安全。1533 年和 1539 年，法国巴黎的高等法院相继颁布法令，规定每户人家均必须设置固定的下水道，或要求所有未在住宅内设置粪池的业主均必须立即整改增设等；虽然这类法令往往形同虚设[②]，但

---

① 〔英〕玛丽·道格拉斯：《洁净与危险》（黄剑波、卢忱、柳博赟译），第 44–45 页。

② 〔法〕罗歇－亨利·盖朗（Roger-Henri Guerrand）：《方便处——盥洗室的历史》（黄艳红译），第 19 页。

其意义却不容忽视。1894 年的政府法令明确了巴黎的卫生规章，其中有关厕所的条款，要求每个住宅均要有室内卫生间；所有卫生间均应配备水箱和相关设备，并且保障有足够的水，可用来彻底清扫厕所，并把粪便冲入公共下水道去等等 [1]，可以说是基本上奠定了后来城市家庭卫生的基本格局。1848 年，英国爆发了霍乱，也就在这一年，英国通过了《公共卫生法案》；接着到 1849 年，又通过了《粪便清理法案》，强化对人类排泄物和城市下水道的管制。[2]至于美国，则是在出台了《1972 年清洁水法》和《1974年安全饮水法》之后，才要求对所有的污水均进行二次和三次处理，但在这两个法律出台之前，美国大部分市政府均是对（含有人类排泄物的）污水只做初步处理，以及只是区分固体和液体：固体被倒进污水用来灌溉田地，液体则是直接排到最近的航道。在美国，正是由于通过了这两部法律，在强制性地推动污水的二次和三次处理之后，采用化学物质杀死污水中的有害细菌，才使得水质回复到中性 PH 值的水平，从而可以循环利用，并达到美化景观的地步。[3]

伴随着殖民主义和全球化，起源于西方的"卫生"观念，以"科学"和"文明"的名义也进入到广大的非西方世界；

---

① 〔法〕罗歇 – 亨利·盖朗（Roger-Henri Guerrand）：《方便处——盥洗室的历史》（黄艳红译），第 124—125 页。

② 〔英〕劳伦斯·赖特：《清洁与高雅：浴室和水厕趣史》（董爱国、黄建敏译），第 198 页。

③ 同上书，第 46 页。

与此同时，和西医、西药的普及相同步，基于"卫生"科学原理的"污秽 / 洁净"观念，亦开始逐渐地覆盖或同化世界各地仍旧普遍且根深蒂固地存在着的那些基于"分类"原理的"污秽 / 洁净"观念，从而形成了重叠的复杂性格局。在中国，直至 20 世纪初叶之前，所谓"卫生"主要是指个人致力于"养生"以追求健康、长寿的技巧①，到后来，它才逐渐地具备了全新的涵义，亦即只有清洁、干净的行为和环境，才不容易导致疾病，从而可以达致人类健康、长寿的福祉。在这里，"清洁"、"干净"的含义，也慢慢地朝向西式"卫生"科学的标准靠近。

1843 年上海开埠以后，西医伴随着传教士的宣教活动大举进入中国，除了开设医院，还翻译出版了大量西医药卫生方面的著述和读物②。西医东渐和"卫生"科学在中国虽然步履艰难，却也方向明确地缓慢成长，使得 20 世纪成为全新的基于卫生科学的"污秽 / 洁净"观念逐渐地在中国社会中也得以确立的时代。1883 年上海租界的自来水厂开始供水，这不仅改善了居民的饮水卫生，还对公共场所的清洁卫生有所裨益。③ 1908 年 5 月，周学熙筹办的京师自来水公司在北京成立，在某种意义上，这也是一件可以作为"卫生"之清洁含义发生转变的标志性事件，因为当时的公司广告对于一般市民使用的井水所进行的批评中，包含了对"秽水"污染

---

① 〔美〕罗芙芸：《卫生的现代性：中国通商口岸卫生与疾病的含义》（向磊译），第 23 页，江苏人民出版社，2007 年 10 月。
② 彭善民：《公共卫生与上海都市文明（1898—1949）》，第 32–36 页。
③ 同上书，第 50–51 页。

的警告①。截至 1949 年，北京市的自来水事业充满艰难，而"卫生"正是其业务用语中最为频繁出现的关键词，于是，自来水就和"卫生"、"健康"、"公众"乃至于"国家"发生了关系。国家开始通过"公共卫生"体系等，对于人民身体的"健康"、"洁净"和"卫生"所进行的全新定义，从此便日甚一日地得以强化，其方向是最终实现对所有人身体的彻底医疗卫生化。长期以来，卫生机构对"清洁"、"卫生"之自来水的强调和对于民间曾经普遍相信的井水之"不干不净"的明晰警示，其间的区别正好反映了中国"卫生"观念之现代化进程的一个重要的侧面。在中国，"清洁"不仅成为现代卫生科学的核心概念，同时也毫无悬念地成为现代卫生实践的基本手段②，甚至还成为政权"合法性"建构的重要依据。

尽管经过了差不多一个多世纪的努力，中国终于在 20 世纪最终确立了西医药、细菌学和防疫学等卫生科学的官方地位，但就全国范围来看，一个庞大且依旧完整、能够与其分庭抗礼的中医药学知识体系的存在，依然持续地在为那些基于"分类"原理的"污秽/洁净"观念保驾护航。不仅如此，直至当下，中国仍然没有从根本上彻底改变厕所及相关事务的前现代化状态。于是，在中国各地，也就程度不等地形成了与人类学家范德吉斯特（Sjaak van der Geest）在非洲加纳

---

① 赵娜："清末至民国时期北京市民自来水接受文化小史"，《民间文化论坛》2016 年第 5 期。邓云乡：《燕京乡土记》，上海文化出版社，1986 年 6 月，第 281–285 页。

② 胡宜：《送医下乡：现代中国的疾病政治》，第 94 页。

的阿肯人（Akan）社会中所发现情形非常类似的状况：一尘不染的病房和医院里肮脏的厕所形成了鲜明的对比[①]。如果我们不把这种观察局限于医院之内，那么，在更为广泛的意义上，必须承认中国社会确实还没有完全摆脱此种自相矛盾的尴尬境地。

正如支撑着当前中国厕所革命的最为有力的言说之一，仍是"卫生"的科学原理一样[②]，排泄行为和厕所环境不够卫生的危害，以及实施厕所革命的好处，仍然需要以大量的来自卫生科学的数据与案例来予以证明。尤其是在广大的偏僻乡村，改良厕所导致相关疾病发生率的大幅度降低，可以为厕所革命的正当性提供最为有力的论证。中国城乡厕所普遍处于前现代状态这一基本的事实，在相当程度上，意味着基于"分类"原理的"污秽／洁净"观念，并没有被基于"卫生"科学原理的"污秽／洁净"观念所取代，也远没有被它所屏蔽或遮掩，两者眼下仍是处于交织与胶着的互动状态。无怪乎有一些有识之士认为，在中国几千年的历史上形成了歧视、鄙视和忽视厕所的"传统"，所以，眼下的厕所革命，就应该在全社会逐渐形成像重视餐厅一样重视厕所，像重视客厅一样打理厕所，像重视舞厅一样"香化"、美化卫生间的新观念。

---

① 〔英〕菲奥纳·鲍伊：《宗教人类学导论》（金泽、何其敏译），第 55 页。
② 周星、周超："百年尴尬：'厕所革命'在中国的缘起、现状与言说"，《中原文化研究》2018 年第 1 期。

（五）讨论：厕所革命将带来什么变化？

眼下正在中国各地如火如荼地开展推进之中的厕所革命，已经并将继续对中国的社会、文化以及人民生活带来深远的影响。城市公共厕所卫生状况的大幅度改善，将提升全社会的公共服务的基本品质，并对市民养成"文明"的如厕方式形成强力推助。乡村大规模和大面积的"改厕"实践，亦将推动现代社会基于"卫生"科学原理的"污秽/洁净"观念，从城市进一步向农村延展和渗透。不难预料的是，那些传统的基于"分类"原理的"污秽/洁净"观念，至少在涉及排泄行为、排泄物和排泄的场所及环境等很多方面，都将因此而不断地有所稀释。

虽然两种不同属性的"污秽/洁净"观念，会因为厕所革命而发生复杂的变迁和涵化过程，甚或出现彼消此长的大趋势，亦即现代卫生科学的"污秽观"和"洁净观"有可能取得较大面积的扩张，但由于基于"分类"原理的"污秽/洁净"观念，本是以具有普世性的文化逻辑或人类共性的思维方式作为基础，它即便是受到科学技术性的"卫生"观念的冲击，并因此发生诸如退隐或稀释之类的变化，却也绝不会轻易消失，最有可能的是它又以新的形态得到温存和延续。采用医学唯物主义立场，以科学的或卫生学的原理解释"污秽"和"洁净"之际，并不需要对那些基于"分类"的"污秽/洁净"观念予以彻底的否定。就是说，即便在中国通过厕所革命，使得卫生科学的"洁净观"全面彻底地得到了普及，我们也同样无法完全无视宇宙观层次上的"污秽"和"洁净"问题。

　　基本上，人们通过肥皂、洗净液、酒精和杀菌药物等可以清洗、消毒而予以消除的"污秽"、"污染"，主要是卫生或防疫的问题，但是，难以用物理、化学甚至任何科学方式彻底"净化"的"污秽"或"污染"依然存在，并且，它们也是无法在卫生学的表象层面予以处置的，——正如北京市民对"公厕保洁员"（类似于旧时代的"淘粪工"）这一岗位的藐视或对其从业者的歧视——因为它们是与社会生活的生成和再生产糅合在一起的，不仅如此，它们同时还是跨越时代和国家、民族等而普世存在的[①]。不久前，当美国宇航员从宇宙空间站向美国总统特朗普展示他们在太空中使用人尿制作的可饮用水时，特朗普总统先是赞赏"这很了不起"，但随后却又不无幽默地说："幸亏是你在喝它，而不是我。"这个小故事不由得让我们联想到代启福博士遭遇到的那个沼气池案例：西南中国一个多民族村落的彝族人对于使用沼气做饭的汉族人和傣族人邻居感到无比震惊，他们居然使用来自人粪尿的沼气做饭！还有比这更肮脏的吗？使用这种来源肮脏的沼气所做的饭（祭品）如何可以献给祖先，如何可以待客？彝族人对于沼气这种经由科学技术而从人及家畜、家禽的粪便和植物秸秆等"分解"、"转化"而生产出来的"清洁"能源，持有高度怀疑和拒斥的态度，这在某种意义上，

---

①　胡宗泽："洁净、肮脏与社会秩序——读玛丽·道格拉斯《洁净与危险》"，《民俗研究》1998 年第 1 期。

是和特朗普总统的幽默基于完全相同的文化逻辑。他们都对人类排泄物之周边外延所可能存在的"污染"高度警惕,而不是义无反顾或无条件地接受已经被定义为是更加"文明"、"科学"、"卫生"或"清洁"的事物;他们坚持了自己文化中传统的那些基于"分类"原理的"污秽/洁净"观念,并用它去扩大解释自己日常生活中最近出现的新生事物。西南中国的沼气池案例充分说明,即便科学技术上的"洁净"得到了确保,但心理和认知上对于来自排泄物的"污染"依然令人顾虑。类似这样的情形绝非孤例,例如,对于中国人而言,既有可以使用肥皂和水予以清洗的"污秽",也有无法得到清洗的"污秽"[①];"文化大革命"时期让"臭老九"打扫厕所和当今人们对"厕所保洁员"之类职业的避忌,其实也都是同一逻辑的不同表象而已。换言之,任何一个在卫生科学的意义上获得了彻底消毒的公共厕所或室内卫生间,其在人们的理念或意识当中,依然是无法和一个哪怕是稍微有些脏乱差的厨房相比拟的;同理,彻底打扫干净的厨房,通常在心理上也不会被认为它比客厅更为干净。这是因为在看似随意,其实却是某种逻辑的"分类"思维中,它们有可能构成了一个序列。

当代中国的厕所革命如果取得成功,将彻底改变人们用于排泄的空间,亦即大幅度地提高厕所或卫生间的卫生状况及其在人们日常生活或人们心目中的地位。它应该成为明快、

---

① Emily M. Ahern, "The Power and Pollution of Chinese Women", Arthur P. Wolf(ed), *Studies in Chinese Society*, Stanford University Press, 1978, p. 272.

舒适、方便，同时也兼顾如厕者各种私密性需求的空间，如厕者在其中不仅可以享受从容排泄的快感，同时还可以有许多其他新的感受，诸如重整仪容、小憩片刻，甚或也可以包括与"情色"有关的举动（例如，在某些社会中较为常见的厕所涂鸦）。有的社会学家或民俗学家往往会把"厕所涂鸦"视为是一种精神性的排泄行为；如果说排便带来生理解放感，涂鸦则带来精神解放感；因此，一个可能的解释便是"厕所涂鸦"的乐趣正如小儿耍弄屎尿一样，是对其精神排泄物的玩弄，似乎难以简单地只归结为"不文明"或者"下流"。若是联想到东亚国家佛教寺院厕所内对修行者排泄的规范，生理性和精神性排泄的合一或并行，看来也是可以有很多表现的形式。无论如何，重要的是私密性卫生间可以使如厕者极大地舒缓因为排泄行为本身而感到的羞愧或尴尬。在这个空间里，人的行为、观念与可能享有的服务的文明水准，将极大地提升"人"的尊严、品格与价值。一方面，都市小区的居民家里，就在距离卧室、书房、厨房或客厅的几步之遥，就有排泄的空间和行为（有些文化对此很难接受）；而在日本社会，现在甚至是在吃饭的时间段，电视里仍有可能持续播放便器洗净液或卫生间芳香剂之类的广告，在这些意义上，厕所革命通过提升排泄空间的品质而极大地稀释了此前那种基于"分类"原理之"污秽观"的浓烈程度。但是，在另一方面，除了有些地域或族群的人们对于在"室内"方便感到极度不安、不适之外，最为常见的情形则是人们更加刻意地回避自己排出的污秽之物，不仅可以视而不见，甚至看也不用看，闻也不用闻，连排泄行为所产生的声音可能带来的联想也被遮断（如日本的"音姬"）；当然，更不用说也彻底地回避了其他任何人的排泄物[①]。事实上，这意味着对于排泄物的避忌是更为夸张和彻底了，这同时也意味着现代社会的人们，依然无法摆脱对于自己身体的动物性本能的尴尬，依旧需要更加努力地掩饰排泄物的事实存在。由此，传统的和排泄物有关的"污秽/洁净"观念，又会被"再生产"出来，也因此，排泄物的"危害"和"危险"依然在超出卫生科学的层面之上得以存续。

在近代卫生科学诞生之前，关于"污秽/洁净"的分类及思考乃是全人类不同族群观察和理解其生活世界的普遍方式，而现代社会有关"卫生"（干净）和"不卫生"（不干净）的分类与对立，其实是与之有着相近的原则和类似的结构，只是表现的形式有所不同而已[②]。现当代的厕所革命固然是可以使厕所及排泄行为发生改观，使之走向"文明化"，但那个似乎是前现代的"污秽/洁净"观念却不会随之消失。这是因为在"污秽"和"禁忌"、"洁净"和"净化"等概念之中深藏着全人类共享的思考、观察和建构世界秩序的普遍方式。如果我们不拘泥于围绕人类排泄物的"污秽观"或"洁净观"，而是把"污秽"和"洁净"作为一组指称日常生活及社会世界的分类范畴，那么，我们也就不难发现在社会组织、意识形态和宇宙观等很多方面，都会有其深刻的解释力，而其基本的逻辑乃是和涉及人类排泄物的"污秽/洁净"观念根底相通。

---

① 〔加〕约翰·奥尼尔：《身体五态：重塑关系形貌》（李康译），第34页。

② 〔瑞典〕奥维·洛夫格伦（Orvar Lofgren），乔纳森·弗雷克曼（Jonas Frykman）：《美好生活：中产阶级的生活史》（赵丙祥、罗杨等译），第131页。

后记与鸣谢

前前后后对涉及厕所相关问题的思考与研究，差不多已经有近 30 年了，但国内"厕所革命"近些年的深入发展才是促使我写作本书的根本动力。从 2016 年秋天开始，在断断续续地持续了近一年半之久的写作过程中，我得到了很多学界师友的鼓励和支持。东京大学岩本通弥教授、成城大学小岛孝夫教授相继邀我参与他们主持的有关"日常生活"、"生活革命"、"生活改善"等主题的国际性学术课题，不仅使我在和中日韩三国民俗学家的深度交流中获得很多启示，也使我对日韩两国的"生活革命"和厕所改良的历史及现状有了一定的了解。

近两年，我先后在成城大学、北京师范大学、中央民族大学、中山大学、中国艺术研究院、浙江大学，分别就"污秽 / 洁净观念"与"厕所革命"等主题发表讲演或做学术讲座时，曾相继承蒙田村和彦教授、朱霞教授、周群英副教授、麻国庆教授、色音教授、张举文教授、刘志扬教授、徐杰舜教授、阮云星教授等多位先生的点评和指教。中山大学刘志扬教授、华东师范大学徐赣丽教授、中国艺术研究院李宏复教授、重庆大学周超博士、陕西师范大学惠萌同学，或分别为我提供相关的信息和资料，或帮助我购买相关的书籍，或陪同我进行了一些实地考察。《中原文化研究》的杨旭东博士、《中国民俗文化发展报告》的张士闪主编，也对我的论文或相关研究报告在公开正式发表时，提供了非常珍贵和中肯的意见。爱知大学大学院中国研究科的博士生张龙对整个书稿进行了仔细的校读，并帮我纠正了不少错别字。

在此，我谨向各位师友和同学致以最诚挚的谢意。

本书的出版得到了爱知大学出版助成基金的资助，在此向爱知大学表示感谢，并向爱知大学研究委员会委托的匿名评审专家致敬。

本书的写作过程较为仓促，由于我在爱知大学的教学和部分学术行政非常繁忙，写作经常被打断，所以，想要维持思考的连续性确实是很不容易，再加上自己的学术水平和见识也比较有限，本书的内容也就难免会有疏漏、缺失或不妥之处，在此，也敬请广大读者批评指正，我对此由衷地期待，并非常乐意接受。

周　星

2018 年 5 月 27 日，于名古屋

再版补记

在 2018 年 9 月向商务印书馆提交书稿时，我还是很忐忑，无法想象读者们会有怎样的反馈。完全没有料到本书在 2019 年 10 月出版以来，很快就有了再版的机会。来自海内外学术界同行友人们温暖的鼓励和积极评价，来自公共媒体热切的关注，来自广大读者朋友的普遍共鸣，当然还有一些质疑和尖锐的批评，都令我心怀感激。

由衷感谢商务印书馆安排于 2019 年 11 月 28 日在单向空间爱琴海书店召开的新书发布会，使我得以和读者们直接互动，听取了大家的意见；由衷感谢界面文化记者罗广彦先生的采访，他撰写的访谈录"能够有尊严地上厕所的社会才是文明的社会"，使我有机会陈述本书写作的初衷和自己的心路历程；由衷感谢高丙中教授、徐赣丽教授、横山广子教授、佐野贤治教授等学者的学术回应，师友们的鼓励使我对这项研究的意义更加增强了信心；由衷感谢来自网络世界的共鸣、感想和批评，正是大家的反馈促使我对本书的不足之处有了更加清晰的认识。

本书在写作时，一直想着要尽可能接地气一点，希望能够把学术的道理用最为通晓的文字表述出来。一方面，为了照顾一般读者的阅读体验，降低此类题目可能带来的不快感，另一方面，则是受费孝通教授"迈向人民的人类学"理念的影响，希望本书能够获得更多的读者，并和广大读者形成顺畅的交流，值此本书再版之际，我接受一部分读者的意见，将本书原先的副标题予以凸显，正式改书名为《当代中国的厕所革命》，并由衷期待读者朋友们的谅解和支持。

周　星
2020 年 1 月 10 日，于横滨